LE MONSTRE SUBATOMIQUE

LE MONSTRE SUBATOMIQUE

Isaac Asimov

Traduction de Nicolas Balbo

LONDREYS

En français chez le même éditeur, dans la même collection :

– Myriades (1984)
– X comme inconnu (1984).

11 *bis*, rue du Colisée, 75008 Paris.

SOMMAIRE

BIOLOGIE

TECHNOLOGIE

CHRONOLOGIE

INTRODUCTION

Avec plus de trois cents livres publiés à mon actif, j'en suis venu à accepter le fait d'être un « écrivain prolifique ». C'est en ces termes que je suis invariablement désigné.

Je ne suis pas certain, si je pouvais choisir, que c'est exactement le qualificatif dont je souhaiterais être gratifié. Je suppose qu'il serait plus agréable d'être habituellement désigné, disons, comme « écrivain de talent », ou « excellent écrivain », ou même « génie de l'écriture ». Malheureusement l'attente me semble encore longue et pénible avant de voir pointer l'une quelconque des ces associations de mots, c'est pourquoi je me satisferai d'« écrivain prolifique ».

Quand j'y pense, cela présente certains avantages. D'une part, si vous êtes un écrivain prolifique cela signifie que vous écrivez avec facilité. Vous ne pouvez pas tout à la fois être prolifique et presser votre cerveau dans la souffrance pour extraire chaque mot comme une goutte amère. Il n'y a pas assez de minutes dans une heure pour cela, et l'âme humaine n'est certainement pas non plus assez endurante.

A dire vrai, écrire *est* facile pour moi, et agréable aussi. Incroyablement agréable, c'est pourquoi je suis un homme heureux.

D'autre part, si vous êtes un écrivain prolifique vous devez être capable d'écrire vite. Vous pouvez écrire lentement si vous le souhaitez. Ou bien vous pouvez sortir vingt et un livres par an (dont certains relativement peu volumineux, naturellement) comme moi en 1983. Ce que vous ne pouvez *pas,* c'est écrire vingt et un livres dans l'année et le faire *lentement.*

Eh bien, j'écris vite, en effet; très vite. Pour ne pas y aller par quatre chemins, j'écris aussi vite que je tape et, avec ma machine à traitement de texte, je produis une centaine de mots à la minute (si on ne tient pas compte du temps perdu pour corriger les épreuves). Écrire vite est le plus grand avantage que je possède.

Être prolifique n'est pas sans inconvénients – et le plus grand inconvénient est d'écrire vite. Oui, c'est aussi un inconvénient. Comme vous pouvez le constater par le livre que vous tenez dans vos mains (ou du moins comme vous le pourrez quand vous l'aurez terminé), j'écris avec une apparente autorité sur une vaste variété de sujets. Et si vous lisez mes deux douzaines d'autres livres d'essais scientifiques (pour ne rien dire des ouvrages que j'ai écrit sur d'autres sujets, des commentaires sur la Bible aux livres d'humour), l'étendue de mes domaines de prédilection vous paraîtra encore plus surprenante.

Bon, si je ne veux pas estomper cette aura de savoir universel dont je me suis entouré, d'une certaine manière, il faut absolument que je m'abstienne de faire de grosses bévues. Et je le pourrais, en plus, si n'était ma très inopportune rapidité d'écriture. Il m'arrive accidentellement d'écrire quelque chose de ridicule puis, avant que j'aie eu l'occasion de le voir et de m'exclamer : « Hé, mais c'est faux! », je suis déjà dans le paragraphe suivant avec l'esprit absorbé par autre chose.

Dans le chapitre « Le bras du géant » de ce livre, j'ai soigneusement déterminé la dimension de l'étoile Bételgeuse par un calcul trigonométrique, puis j'ai dû confondre le rayon et le diamètre et j'ai fini par donner à l'étoile un diamètre précisément double de ce qu'il devait être.

J'ai envoyé « Le bras du géant » à la revue *The Magazine*

of Fantasy and Science Fiction, qui publie ces articles immédiatement après réception. Un mois plus tard, j'ai écrit une suite sur le sujet, le chapitre intitulé « Le monde du soleil rouge ».

J'avais besoin de nouveau de la taille de Bételgeuse et j'étais trop paresseux pour regarder dans le premier essai. Je l'ai donc recalculé, cette fois sans faire l'erreur et en obtenant la bonne valeur. Aurais-je remarqué que les deux valeurs étaient différentes dans les deux articles? Non, bien sûr.

Comment m'en suis-je aperçu? Facile! Aussitôt le premier essai publié dans la revue, Monsieur Jogn *(sic)* Fortier, qui se présente lui-même comme un « lecteur dévoué et fanatique », a pris sa plume pour me signaler mon erreur. Il n'a même pas utilisé la trigonométrie dans son raisonnement mais de simples calculs arithmétiques. (J'aurais pu en faire autant si j'avais seulement été plus malin.)

En outre, il a remarqué quelque chose d'encore plus ridicule dans le même article en question. Ce sont des choses qui arrivent...

Je voulais mentionner la taille apparente de Jupiter, son « diamètre angulaire » vu de la Terre. Ça n'avait vraiment aucune importance dans l'article : c'était un simple aparté, traîné là par la peau du cou. Je vérifiai que le diamètre angulaire de Jupiter, à sa valeur maximale quand la planète est la plus proche de la Terre, est de 50 secondes d'arc.

Exact! Excellent! Sauf qu'entre l'instant où mes yeux ont quitté la page du livre de référence et l'instant où ils ont atteint ma machine à écrire, une étrange saute d'humeur a transformé l'expression dans ma tête en « 50 minutes d'arc »; mais je voulais des secondes d'arc et, sachant que chaque minute d'arc équivaut à 60 secondes, j'ai donc multiplié 50 par 60 et docilement tapé que le diamètre angulaire de Jupiter est de 3 000 secondes d'arc.

Ainsi l'affirmation est apparue telle quelle dans la revue. Si j'avais arrêté ma course infernale sur la machine à écrire pour penser ne serait-ce qu'un cinquième de seconde, je me serais rappelé que la Lune a un diamètre angulaire de 30 minutes d'arc, soit 1 800 secondes d'arc; je donnais donc à Jupiter une apparence beaucoup plus large que la Lune dans le ciel terrestre.

Mon visage tourna au plus beau rouge cerise quand Monsieur Fortier me le fit remarquer. Naturellement j'ai immédiatement corrigé l'erreur et la valeur exacte apparaît dans ce livre.

Ou bien encore, dans le chapitre intitulé « Où partout le ciel est au beau fixe », j'ai soutenu l'affirmation gratuite que l'or, en dehors de la valeur artificielle qu'on lui attribue pour sa beauté et sa rareté, ne vaut rien; qu'il n'a aucun usage digne d'être mentionné.

Aussitôt deux de mes amis très chers, Lester del Rey (cité dans l'introduction du dernier chapitre) et Jay Kay Klein, m'ont écrit de longues lettres, dressant une liste de tous les usages possibles que pourrait avoir l'or s'il devenait abondant et bon marché. Pour cette édition, j'ai rejeté la phrase fautive comme si elle me brûlait les doigts. Ce qui, malheureusement, était assez justifié.

Et voilà le résultat. Je m'en tire à bon compte en écrivant aussi vite parce que j'ai des lecteurs aux yeux d'aigle qui vérifient toutes mes remarques et me rapportent aussitôt la moindre erreur, de sorte que je peux la corriger et tirer une leçon de ma faute.

Que deviendrais-je sans eux? Puis-je profiter de l'occasion pour remercier toutes les personnes – toutes, sans exception – qui m'ont un jour envoyé une lettre de correction et ainsi contribué à mon instruction? Laissez-moi également ajouter que toutes ces lettres que j'ai reçues, sans exception, ont toujours été formulées dans les termes les plus agréables et les mieux intentionnés. Je vous remercie humblement pour cela, aussi.

Physique

1

LE MONSTRE SUBATOMIQUE

Il m'arrive quelquefois de m'entendre dire que j'ai « raté ma vocation ». Cela est toujours dit, naturellement, sur un ton de moquerie affectueuse, habituellement après que j'ai donné une causerie amusante ou chanté une chanson. L'idée exprimée alors est que j'aurais fait un bon comédien, ou un bon chanteur, peut-être.

Je ne pouvais pas décemment ne pas relever cette affirmation et, grâce à ma longue expérience, j'ai découvert que la réponse la plus efficace à la plaisanterie « Tu as raté ta vocation Isaac » est...

« Je sais, mon ami, mais qui voudrait d'un vieil étalon grisonnant? »

Mais rien ne résiste à tout épreuve. J'ai usé de cette lourde chute au moins une cinquantaine de fois avec le plus vif succès, puis quand je l'ai essayé il y a encore quelques jours, j'ai reçu la réplique instantanée suivante...

« Une vieille nymphomane grisonnante! »

Là les rôles ont été nettement inversés, et j'ai dû attendre un bon moment avant que les rires se calment (le mien y compris).

Mais je n'ai pas raté ma vocation, en vérité, et tout le monde le sait. Ma vocation est d'être écrivain, et c'est ce que je suis. Plus particulièrement, ma vocation est d'expliquer les choses, et c'est ce que je fais également. Aussi, si ça ne vous dérange pas, je vais maintenant vaquer à ma vocation.

Par exemple, comment mesure-t-on l'énergie?

Eh bien, le travail entraîne une dépense d'énergie et peut donc être qualifié d'énergie en action, pour ainsi dire. Une façon de définir le travail est de dire qu'il implique de vaincre une résistance sur une distance donnée. On surmonte la résistance en exerçant une force.

Par exemple, l'attraction gravitationnelle de la Terre tend à maintenir un objet en place au sol. Pour le soulever, on doit exercer une force pour vaincre la résistance de la gravité.

Plus le poids de l'objet est élevé, plus il faut exercer une force importante et plus le travail est élevé. Plus la hauteur à laquelle vous soulever le poids est grande, plus le travail est grand. Le travail, donc, (et l'énergie dépensée) est égal au produit de la force par la distance.

Si vous soulevez un poids de 1 kilogramme d'une hauteur de 1 mètre, vous avez réalisé un travail de 1 « kilogrammètre » (kgm). (Notez que l'on place le poids en premier dans cette unité de travail. Il n'y a pas de raison qui empêcherait que l'on place en premier la distance et qu'on l'appelle « mètre-kilogramme », mais ça ne se fait pas; dans toutes les langues et toutes les cultures, l'explication « ça ne se fait pas » est radicale pour couper court à tout commentaire.)

Ainsi, s'il vous arrive de peser 70 kg et de monter un escalier qui s'élève jusqu'à 2,5 m, vous avez effectué un travail de 70 × 2,5 soit 175 kgm. Comme j'ai observé qu'il y a souvent treize marches entre deux paliers, le travail effectué par une personne de 70 kg pour monter une marche est de 175/13 ou 13,5 kgm.

Utiliser le poids comme partie de l'unité de travail n'est pas idéal. Ce n'est pas faux de le faire, car le poids est une force, mais c'est précisément là qu'est le problème. Les unités utilisées couramment pour le poids (la livre ou le kilogramme) ne sont pas à strictement parler des unités de force mais des unités de masse. La confusion intervient parce que le concept de poids est compris depuis la nuit des temps tandis que le concept de masse a été éclairci pour la première fois par Isaac Newton; la masse et le poids sont si semblables dans les circonstances ordinaires que même les scientifiques tombent dans le piège et utilisent aussi les unités de poids établies depuis longtemps pour la masse, entretenant ainsi la confusion *.

Si nous oublions le poids et que nous ne nous occupons que de la masse, alors la force se définit comme le produit de la masse par l'accélération (d'après la seconde loi du mouvement de Newton). Imaginez une force capable d'accélérer une masse de 1 kilogramme d'une quantité égale à 1 mètre par seconde par seconde; cette force est égale à 1 **kilogramme-mètre par seconde par seconde**, ou (en utilisant les abréviations) 1 kg-m/s^2. Pour une question de brièveté 1 kg-m/s^2 est appelé 1 **newton**, en l'honneur du grand physicien. Précisément, la force requise pour soulever un poids de 1 kilogramme est de 9,8 newtons environ. Réciproquement, 1 newton est la force requise pour soulever un poids de 0,102 kilogramme.

Puisque le travail est le produit d'une force par une distance, l'unité de travail est définie par une force de 1 newton qui s'exerce sur une distance de 1 mètre, soit 1 **newton-mètre**.

*. (*N.d.T.*) Dans ce paragraphe, l'auteur utilise l'unité de travail (le kilogrammètre) du système d'unité MKpS (Mètre; Kilogramme-poids; Seconde) désormais prohibé en France, où seul le Système international d'unité SI est autorisé. Dans le premier système, le *poids* a été choisi comme unité fondamentale; l'unité de force, le kilogramme-poids, y est définie par le poids à Paris du kilogramme étalon. Le poids P d'un corps de masse M est égal, en un lieu donné, ou produit $P=Mg$ de la masse M par la valeur de l'accélération de la pesanteur g; or g varie d'un point de la terre à un autre (9,81 m/s^2 à Paris), on ne peut donc pas parler en toute rigueur d'un étalon de poids. Dans le système SI, la référence au poids a été abandonnée et la *masse* a été choisie comme unité fondamentale. Dans la suite du chapitre, les unités SI et d'usage légal en France sont signalées en caractère gras.

Le newton-mètre est désigné par le nom de **joule** du nom du physicien anglais James Prescott Joule qui a effectué d'importants travaux sur l'énergie. L'unité de travail est donc le joule, et puisque le newton correspond à un poids de 0,102 kg, 1 joule est le travail nécessaire pour soulever un poids de 0,102 kg de 1 mètre. Par conséquence, soulever un poids de 70 kg d'une marche d'escalier nécessite une quantité de travail de 132 joules environ.

Comme vous pouvez le constater, le joule est une unité appropriée à la vie quotidienne, puisqu'une action ordinaire correspond à un nombre peu élevé, facile à manipuler.

Supposez, cependant, que vous deviez utiliser des échantillons de travail ou d'énergie beaucoup plus petits. Vous vous retrouveriez avec des fractions infimes de joule. Il pourrait donc être utile d'avoir une unité plus petite.

Au lieu d'une force qui communique à 1 kilogramme une accélération de 1 mètre par seconde par seconde, imaginez une force qui communique à 1 gramme une accélération de 1 centimètre par seconde par seconde. Vous avez maintenant une force de 1 gramme-centimètre par seconde par seconde, ou 1 g-cm/s^2, qui peut être désignée par « 1 dyne » (la première syllabe d'un mot grec qui signifie « force »).

Puisqu'un gramme est 1/1 000e de kilogramme, et un centimètre 1/100e de mètre, une force de 1 dyne produit 1/100e de l'accélération de 1/1 000e de la masse unité comparée avec une force de 1 newton. Par conséquent, 1 dyne est égale à (1/100) × (1/1 000) soit 1/100 000 newton. Ce qui revient à dire que 1 newton = 100 000 dynes.

Si nous supposons une force de 1 dyne exercée sur une distance de 1 cm, nous obtenons une unité de travail : « 1 dyne-centimètre », ou « 1 erg » (la première syllabe d'un mot grec qui signifie « travail »). Puisque 1 joule est le résultat d'une force de 1 newton développée sur 1 mètre, tandis que 1 erg est le résultat d'une force de 1 dyne (1/100 000 newton) développée sur une distance de 1 centimètre (1/100e de mètre), il s'ensuit que

1 erg = (1/100 000) × (1/100) = 1/10 000 000 joule. Ce qui revient à dire que 1 joule = 10 000 000 ergs *.

Une personne de 70 kg qui monte une marche d'escalier effectue un travail de 1 320 000 000 ergs. C'est un nombre assez incommode pour la vie quotidienne mais très commode pour les scientifiques qui travaillent avec de petites quantités d'énergie.

Néanmoins, même l'erg est une unité beaucoup trop grande lorsqu'il s'agit de traiter avec les atomes individuels ou les particules subatomiques. Pour de tels objets, il nous faut une unité encore plus petite.

Ainsi, au lieu de prendre une masse d'un kilogramme ou d'un gramme, utilisons la plus petite masse connue qui existe. C'est la masse de l'électron, qui vaut, 0,000 000 000 000 000 000 000 000 000 91 095 gramme, ou $9{,}1095 \times 10^{-28}$ g. Pour éviter de traîner tous ces zéros, nous pouvons prendre la masse d'un électron égale à « 1 électron ».

Un électron porte une charge électrique, et subit donc une accélération sous un champ électrique. La propriété du champ électrique qui cause l'accélération est la différence de potentiel; supposons donc un électron soumis à une accélération produite par 1 volt. (Je résisterai à l'impulsion d'expliquer les nombreuses unités électriques; ce sera pour un autre essai, une autre fois.)

Étant donnée la masse et la charge de l'électron, le travail qu'il effectue lorsqu'il est accéléré sous une différence de potentiel de 1 volt est égal à 1 **électron-volt** ou, sous forme abrégée, 1 eV.

C'est vraiment une petite unité de travail. De fait, 1 électronvolt est égal à 0,000 000 000 001 6 ou $1{,}6 \times 10^{-12}$ erg. (Souvenons-nous en passant que toutes les unités de travail servent aussi d'unités d'énergie.)

* (*N.d.T.*) La *dyne* et l'*erg* sont des unités du système *CGS* (centimètre-gramme-seconde) qui ne font pas partie du Système International d'unités (SI), mais encore souvent utilisées par les physiciens.

Il se trouve que la masse est une forme d'énergie : une forme très concentrée. La masse peut donc être exprimée en unités d'énergie, mais c'est une forme tellement concentrée que les unités ordinaires ne conviennent pas du tout pour les masse usuelles.

Prenons par exemple une masse de 1 g. Ce n'est pas beaucoup. C'est seulement la masse d'un oiseau–mouche au milieu de sa croissance. L'énergie équivalente de cette masse ou énergie de masse, est donnée par la célèbre formule d'Albert Einstein $e = mc^2$, ou *e* est l'énergie, *m* la masse et *c* la vitesse de la lumière, égale à 29 980 000 000 cm/s (un choix d'unités qui nous donnera directement l'énergie équivalente en ergs). L'énergie équivalente de 1 g de masse est donc 1 × 29 980 000 000 × 20 980 000 000 = 898 800 000 000 000 000 000 ou $8{,}988 \times 10^{20}$ ergs. Vous admettrez qu'il est plus facile de parler de un gramme que d'un millier de trillion d'ergs.

Quand nous revenons à l'électron, cependant, la situation est inversée. La masse minuscule de l'électron égale à $9{,}1095 \times 10^{-28}$ g, quand multiplié par l'équivalent énergétique de 1 g, soit $8{,}988 \times 10^{20}$ ergs, donne une énergie de masse de l'électron égale à $8{,}1876\ 10^{-7}$ erg. En d'autres termes, l'énergie équivalente de la masse de l'électron est un peu inférieure à un millionième d'erg, ce qui est difficile à manipuler.

Cependant si nous convertissons cette valeur en électronvolts, il apparaît que l'énergie de masse de l'électron s'élève à environ 511 000 eV.

Naturellement, on pourrait considérer que 511 000 est un nombre un peu trop grand en pratique; mais 1 000 eV valent 1 keV (kiloélectronvolt), et 1 000 000 eV valent 1 MeV (mégaélectronvolt), soit une énergie de masse pour l'électron d'environ 1/2 MeV.

L'électron (et son antiparticule, le positon) ont, comme je l'ai dit ci-dessus, la plus petite masse de tous les objets connus possédant une masse au repos. Il est même possible qu'il n'y ait pas de masse plus petite supérieure à zéro. On suppose que les différents neutrinos possèdent des masses inférieures – des masses aussi faibles que 40 eV – mais cela est loin d'être établi.

Et les particules plus massives?

Les électrons composent les régions périphériques des atomes, mais protons et neutrons constituent le noyau atomique et sont beaucoup plus massifs. Un proton a une énergie de masse de 938,2 MeV, donc 1 836 fois plus massif que l'électron. Le neutron avec son énergie de masse de 939,5 MeV est 1 838,5 fois plus massif que l'électron et 1,0014 fois plus massif que le proton. Une énergie de 1 000 000 000 eV vaut 1 gigaélectronvolt (1 GeV); on peut donc dire que le proton et le neutron sont très proche de 1 GeV en énergie de masse.

Il existe des particules subatomiques plus massives que le proton et le neutron. Par exemple, le boson W récemment découvert (qui pourrait faire l'objet d'un futur essai) est près de 80 fois plus massif qu'un proton, d'une énergie de masse de l'ordre de 80 GeV. Les noyaux des éléments les plus massifs ont des énergies de masse au voisinage de 250 GeV, ce qui est encore trois fois plus grand, mais ces noyaux sont des conglomérats de plus de 250 particules subatomiques.

Si nous voulons obtenir un véritable monstre subatomique, en revanche, nous devrons commencer d'abord par une digression.

L'électricité et le magnétisme sont étroitement liés; ils sont en fait inséparables. Le présence d'un champ électrique variable entraîne la présence d'un champ magnétique et vice versa. En vérité, les scientifiques parlent communément du champ électromagnétique plutôt que de champ électrique ou magnétique séparément. Ils parlent de la lumière en terme de rayonnement électromagnétique, et de l'interaction électromagnétique comme une des quatres interactions fondamentales de la nature.

Naturellement, donc, il n'est pas surprenant qu'électricité et magnétisme montrent beaucoup de similitudes quand ils sont observés séparément. Ainsi un aimant a deux pôles montrant, pour ainsi dire, des propriétés magnétiques extrêmes opposées. On les appelle « pôle nord » et « pôle sud ». Les pôles nord et sud s'attirent entre eux tandis que les pôles de même nom se repoussent mutuellement.

De même, un système électrique a deux extrêmes opposés, appelés « charge positive » et « charge négative ». Les charges négative et positive s'attirent entre elles tandis que les charges de même signe se repoussent mutuellement.

Dans chacun des cas l'attraction et la répulsion sont d'intensités égales, et les deux diminuent en proportion de l'inverse du carré de la distance.

Il demeure cependant une énorme différence.

Considérez un bâton de matériau isolant dans lequel, d'une manière ou d'une autre, vous avez produit une charge négative à une extrémité et une charge positive à l'autre. Si ensuite vous cassez le bâton en son milieu, une moitié reste entièrement de charge négative et l'autre moitié entièrement de charge positive. De plus, il existe des particules subatomiques comme l'électron qui portent une charge uniquement négative, et d'autres comme le proton qui portent une charge uniquement positive.

Cependant, considérez une barre aimantée avec un pôle nord à une extrémité et un pôle sud à l'autre. Si vous cassez cette dernière en son milieu, obtiendrez-vous une moitié entièrement pôle nord et une autre entièrement pôle sud?

Non! Si vous cassez un aimant en deux, la moitié pôle nord développe immédiatement un pôle sud à la cassure, tandis que la moitié pôle sud développe un pôle nord à l'endroit correspondant. Rien de ce que vous pouvez faire ne produira jamais un objet avec un pôle magnétique solitaire : les deux seront toujours présents. Même les particules subatomiques qui possèdent une charge électrique et, donc, un champ magnétique associé, ont à la fois un pôle nord et un pôle sud.

Il ne semble pas non plus qu'il existe des particules subatomiques particulières qui portent un pôle nord ou un pôle sud solitaire, malgré le foisonnement de particules dotées d'une charge électrique d'un seul signe, positif ou négatif. En d'autres termes, il ne semble pas qu'il existe quelque chose comme un « monopôle magnétique ».

Vers 1870, quand le physicien écossais James Clerk Maxwell détermine les relations mathématiques qui décrivent le champ électromagnétique comme un phénomène unique, il présente au monde quatre équations simples qui semblent totalement suffire à l'objectif poursuivi. Si les monopôles magnétiques avaient existés, les quatre équations auraient présenté une élégante symétrie de sorte qu'électricité et magnétisme seraient apparus comme une sorte d'image-miroir l'un de l'autre. Les choses étant, cependant, Maxwell suppose que les pôles magnétiques existent toujours par paires au contraire des charges électriques; par là même, il introduit nécessairement une asymétrie.

Les scientifiques n'aiment pas les asymétries car elle offensent leur sens esthétique et contrarient leur exigence de simplicité (le but suprême, la fin des fins de la science parfaite). C'est pourquoi il subsiste toujours un sentiment diffus selon lequel les monopôles *devraient* exister; que leur inexistence constitue un vice de forme dans le projet cosmique.

Quand l'électron est découvert, ils en viennent à réaliser que la charge électrique est quantifiée; c'est-à-dire, que toutes les charges électriques sont des multiples entiers d'une charge élémentaire minimale.

Ainsi, les électrons ont tous une charge négative identique, de même que les protons une charge positive identique, et les deux sortes de charge ont exactement la même valeur absolue. Tous les autres objets chargés connus ont une charge électrique exactement égale à celle de l'électron ou du proton ou égale à un multiple entier de l'une ou de l'autre.

(On pense que les quarks ont des charges égales à 1/3 ou 2/3 de celle de l'électron ou du proton, mais ces derniers n'ont jamais été isolés; même s'ils l'étaient, cela ne ferait que porter simplement la valeur de la charge élémentaire à un tiers de celle que l'on avait crue. Le principe de la quantification demeure).

Pourquoi la charge électrique devrait-elle être quantifiée? Pourquoi ne pourrait-elle pas prendre n'importe quelle valeur, comme la masse? Après tout, la masse du proton n'est pas du tout un multiple entier de la masse de l'électron, alors pourquoi donc cela n'est-il pas vrai aussi pour la charge?

En 1931, le physicien anglais Paul A. M Dirac s'attaque à ce problème théorique et arrive à la conclusion que cette quantification de la charge est une nécessité logique si les monopôles magnétiques existent. En fait, même si un seul monopôle existait, quelque part dans l'univers, la quantification de la charge serait nécessaire.

Il est naturellement tentant de renverser le raisonnement : puisque la charge électrique *est* quantifiée, les monopôles magnétiques doivent exister quelque part. Cela fournit un argument puissant à la recherche de leur existence.

Mais où et comment les trouver même s'ils existent? A l'époque les physiciens ne savent rien et, pis encore, baignent dans l'incertitude quant aux propriétés possibles de ces monopôles. Il paraît naturel alors de supposer qu'ils possèdent une masse assez importante; auquel cas leur rareté et la difficulté de les produire en laboratoire expliqueraient pourquoi personne n'est jamais tombé dessus accidentellement.

Aucun autre fil conducteur théorique n'a émergé avant les années 1970, époque où les scientifiques travaillent sur différentes théories de la grande unification, cherchant à combiner les interactions forte, faible et électromagnétique en une même théorie *.

En 1974 un physicien hollandais, Gerard't Hooft, et un physicien soviétique, Alexander Polyakov, montrent indépendamment que l'on peut déduire des théories de la grande unification que les monopôles magnétiques doivent *nécessai-*

* Voir « Et le proton meurt après de nombreux étés » dans *Myriades*, Londreys, 1984.

rement exister et qu'ils ne sont pas simplement massifs, mais *monstrueux*.

Bien qu'un monopôle eût été bien plus petit qu'un proton, il pourrait rassembler dans son volume minuscule une masse de plus de 10 trillions de protons. La limite supérieure du domaine d'énergie de masse du monopôle serait de 10 000 000 000 000 000 000 000 000 000 ou 10^{28} eV.

Quelle masse cela ferait-il? Il s'avère qu'un monopôle aurait une masse aussi élevée que $1{,}8 \times 10^{-9}$ gramme. C'est une quantité égale à la masse d'une vingtaine de spermatozoïdes humains rassemblés en une seule particule subatomique.

Comment de tels monstres subatomiques peuvent-ils être formés? Il n'existe aucun moyen pour les êtres humains de rassembler une telle énergie dans un volume d'espace subatomique, aujourd'hui ou dans un futur prévisible. En fait, il n'y a aucun processus naturel en action dans l'univers actuel (pour autant que nous sachions) capable de créer une particule de masse aussi monstrueuse.

La seule possibilité est de revenir en arrière jusqu'au Big Bang, quand les températures étaient incroyablement élevées et l'énergie incroyablement concentrée *. On estime que les monopôles ont dû être formés 10^{-34} seconde seulement après le Big Bang. Après cela l'univers serait devenu trop froid et raréfié.

Vraisemblablement, des monopôles nord et sud se sont formés en même temps, peut-être en quantités énormes. Il est probable que nombre d'entre eux s'annihilèrent deux à deux, mais un certain nombre ont dû survivre parce qu'ils ont tout simplement eu la chance de ne pas en rencontrer d'autres de confession opposée. Après que ces monopôles eurent survécu au-delà d'une certaine durée, l'expansion continue de l'univers a rendu les collisions de moins en moins probables et a permis d'assurer leur survie. Il y en aurait donc un certain nombre dispersés aujourd'hui à travers l'univers.

* Voir « L'asymétrie cruciale » dans *Myriades*, Londreys, 1984.

Combien? Eh bien, pas trop; car au-delà d'un certain nombre, sous l'effet gravitationnel de ces particules monstrueuses, l'univers aurait assurément atteint avant aujourd'hui sa taille maximale et se serait effondré à nouveau sur lui-même. En d'autres termes, nous pouvons calculer une densité maximale de monopôles dans l'univers compatible avec le simple fait que nous existons encore.

Même s'ils existent en faible nombre, on devrait trouver de temps à autres un monopôle qui passe au voisinage d'un appareil de mesure. Comment serait-il alors détecté?

Les physiciens ont d'abord cru que les monopôles se déplaçaient à une vitesse proche de celle de la lumière comme les particules des rayons cosmiques; comme ces dernières, les monopôles auraient pulvérisé d'autres particules sur leur passage et produit une pluie de rayonnement secondaire facilement détecté, à partir duquel le monopôle lui-même pouvait être identifié.

Compte tenu des masses monstrueuses aujourd'hui envisagées, les idées ont changé. Des monopôles aussi énormes ne pourraient pas accumuler assez d'énergie pour se déplacer très vite; on estime qu'ils voyagent à une vitesse de quelques centaines de kilomètres par seconde : moins d'un millième de la vitesse de la lumière. A des vitesses aussi lentes les monopôles traversent tranquillement la matière sans laisser aucune trace digne de ce nom. Il est possible que ce soit la raison qui explique l'insuccès de la détection des monopôles jusqu'à présent.

Mais alors, que faire?

Un physicien de l'université de Stanford, Blas Cabrera, a eu une idée. Un aimant qui passe à travers un anneau de fil électrique déclenche une impulsion de courant dans celui-ci. (Ce phénomène est connu depuis un siècle et demi.) Pourquoi donc ne pas installer un tel anneau et attendre? Peut-être arrivera-t-il qu'un monopôle magnétique traverse l'anneau et signale son passage par un courant électrique. Cabrera a calculé la probabilité d'un tel événement sur la base de la densité maximale de monopôles compatible avec l'existence de l'univers et en a conclu qu'il pourrait se produire en moyenne une fois tous les six mois.

Cabrera installe donc un anneau de métal, du niobium, maintenu à une température proche du zéro absolu. Dans ces conditions le niobium est supraconducteur et sa résistance au courant électrique s'annule. Cela signifie que si un événement quelconque engendre un courant dans le fil, ce courant se perpétuera indéfiniment. Un monopôle qui passerait à travers l'anneau ne donnerait pas une simple impulsion, mais un courant qui se prolongerait continuement.

Naturellement, un courant pourrait être déclenché par n'importe quel vieux champ magnétique qui traîne aux alentours : par le propre champ magnétique de la Terre, par n'importe quel appareil électrique du voisinage, ou même par un bout de métal parasite mis en mouvement parce qu'il voyage dans la poche de quelqu'un.

Cabrera a donc placé son bobinage dans une enveloppe de plomb supraconductrice, elle-même à l'intérieur d'une deuxième enveloppe de plomb supraconductrice. Les champs magnétiques ordinaires sont incapables de pénétrer le plomb supraconducteur, mais le monopôle le pourrait.

Cabrera attend pendant quatre mois et rien ne se passe. L'intensité du courant repérée sur un rouleau de papier défilant oscille autour de zéro tout du long de cette période. C'est en soi une bonne chose. Cela montre qu'il a réussi à éliminer les champs magnétiques parasites.

Puis le 14 février 1982, à 13 h 53, apparaît soudainement un flux de courant électrique; avec presque exactement la valeur attendue en présence d'un monopôle magnétique.

Cabrera envisage alors tous les événements possibles qui auraient pu déclencher le courant *sans* l'aide du monopôle, et il ne trouve rien. Le monopôle semble être la seule alternative possible.

Le monopôle insaisissable a-t-il donc bien été détecté? Si c'est le cas, c'est un fait remarquable qui apporte une puissante confirmation de la théorie de la grande unification.

L'ennui est cependant qu'il n'y a pas eu reproduction de

cette événeméent solitaire, et qu'il est difficile de fonder quoi que ce soit sur une seule expérience.

De plus, l'estimation de Cabrera du flux local de monopôles dans l'espace est fondé sur le seul fait que l'univers est encore en expansion. Certaines personnes pensent qu'une contrainte supplémentaire intervient du fait que le flux éventuel de monopôles à travers la galaxie aurait balayé le champ magnétique galactique global. Puisque le champ magnétique galactique existe encore (bien que très faible), cela pourrait déplacer la limite supérieure de la densité de monopôles beaucoup plus bas, à un niveau peut-être aussi bas que 1/10 000e de la valeur de Cabrera.

Dans ce cas, il faudrait s'attendre à un passage de monopôle à travers l'anneau tous les 5 000 ans en moyenne. Et si c'est effectivement le cas, il devient difficile de croire qu'un tel passage au bout de seulement quatre mois provienne bien d'un monopôle.

Il n'y a qu'une chose à faire, et c'est ce que font les physiciens : poursuivre la quête. Cabrera est en train de construire une version plus grande et améliorée de son dispositif qui multipliera par cinquante ses chances de détecter un monopôle. D'autres physiciens recherchent d'autres méthodes de détection.

Dans les prochaines années, la quête du monopôle va devenir de plus en plus intense car les enjeux sont considérables. Une détection précise nous donnera une indication des propriétés de ces monstres subatomiques et la valeur de leur densité spatiale. De cela nous pourrons en tirer des précisions sur le commencement de l'univers, sans parler de son état actuel et de son avenir, que nous n'aurions pas pu déterminer autrement.

Et, naturellement il y a un cerain prix Nobel à la clef.

2

E PLURIBUS UNUM

Ma chère femme Janet est aussi un écrivain à part entière qui a réalisé quelques bonnes ventes avant même de m'avoir rencontré. Elle a publié deux romans (*The Second Experiment* et *The Last Immortal*) sous son nom de jeune fille J. O. Jeppson, et a collaboré avec moi à une anthologie de science-fiction humoristique (avec poèmes et dessins) intitulée *Laughing Space*. Tous les trois ont été édités chez Houghton Mifflin. En addition, un recueil de ses nouvelles est sous presse chez Doubleday.

Le meilleur d'entre tous est un livre de science-fiction pour enfant très allègre, intitulé *Norby, the Mixed-up Robot* (Walker, 1983), qu'elle a écrit en collaboration avec son cher mari. La présentation des auteurs reconnaît même notre union : par « Janet et Isaac Asimov ». C'est le premier d'une série et le second, *Norby's Other secret*, a été publié en 1984. C'est agréable d'être ainsi uni dans l'écriture.

En fait l'union est agréable dans beaucoup de domaines. Les Américains sont assurément heureux que treize états indépendants aient décidé de s'unir sous un seul gouvernement fédéral. C'est ce qui a fait de *E pluribus unum* (« Tous en un » en latin) une devise tant associée aux États-Unis. Les scientifiques, eux-aussi, aiment l'unification; ils adorent montrer que des événements qui semblent tout à fait distincts sont en fait différents aspects d'un seul phénomène.

Commençons par « l'action à distance ».

D'ordinaire, si vous voulez réaliser une action comme, par exemple, communiquer un mouvement à un objet au repos, vous devez lui appliquer un contact direct ou indirect. Vous pouvez le frapper avec une main, un pied, ou une raquette que vous tenez. Vous pouvez le tenir dans votre main, mouvoir cette dernière, puis le relâcher. Vous pouvez lancer un objet de cette manière pour toucher un second objet ainsi mis en mouvement. De fait, il est possible de déplacer un objet et de transmettre ce mouvement par l'intermédiaire de nombreux objets (comme dans le cas de l'effondrement d'une rangée de dominos). On peut même souffler, déplacer l'air et, par son impact, déplacer autre chose.

Pourriez-vous cependant mettre en mouvement un objet éloigné sans le toucher ni en permettant aucun transfert de mouvement par un objet auparavant touché? Si oui, ce serait une action à distance.

Par exemple, supposez que vous tenez une boule de billard au niveau des yeux au-dessus du sol. Vous la tenez de sorte qu'elle reste parfaitement immobile puis vous la laissez aller soudainement. Vous la touchiez, bien sûr, mais en la laissant aller vous *cessez* de la toucher. C'est seulement après que vous cessez de la toucher qu'elle tombe sur le sol. Elle a été mise en mouvement sans qu'aucun contact physique ne lui soit appliqué.

La Terre attire la boule; c'est ce que l'on désigne sous le nom de gravitation. La gravitation semble être un exemple d'action à distance.

Ou bien, considérez la lumière. Quand le Soleil se lève, ou qu'une bougie est allumée, la pièce est immédiatement illuminée. Le Soleil ou la bougie causent l'illumination sans que rien de matériel semble intervenir dans le processus. Cela semble également être une action à distance. Quant à cela, la sensation de chaleur en provenance du Soleil ou de la bougie est aussi ressentie à travers l'espace. C'est un autre exemple.

De même, aux alentours de 600 av. J.-C. le philosophe

grec Thalès (624-526 av. J.-C.) est connu comme le premier à avoir étudié une roche noire qui possède le pouvoir d'attirer les objets de fer à distance. Puisque la roche en question vient du voisinage de la cité grecque de Magnésie sur la côte d'Asie Mineure, Thalès l'appelle *ho magnetes lithos* (« la roche magnésienne ») et l'effet a été désigné sous le nom de « magnétisme » depuis lors.

Thalès découvre aussi que lorsqu'un bâtonnet d'ambre est frotté il devient capable d'attirer à distance des objets légers. Le bâtonnet d'ambre attire des objets insensibles à l'aimant, c'est donc un phénomène différent. Puisque le mot grec pour ambre est *elektron,* l'effet a été appelé « électricité » depuis lors. Magnétisme et électricité semblent aussi des exemples d'action à distance.

Pour finir, il y a le son et l'odeur. Qu'une cloche sonne à distance et vous l'entendrez même s'il n'y a aucun contact physique entre la cloche et vous. Ou qu'un steak grésille sous la flamme et vous le sentirez à distance.

Nous avons donc sept phénomènes de la sorte : la gravitation, la lumière, la chaleur, le magnétisme, l'électricité, le son et l'odeur.

Il se trouve que les scientifiques ne sont pas très à l'aise avec la notion d'action à distance. Il y a tant d'exemples d'effets qui ne sont amenés que pour une sorte de contact ou une autre que les quelques exemples qui semblent s'en passer sonnent faux. Peut-être y a-t-il contact, mais d'une manière tellement subtile qu'il nous échappe.

L'odeur est le plus simple à expliquer de ces phénomènes. Le steak au-dessus du feu grésille et fume. De petites particules de celui-ci sont à l'évidence dégagées et flottent dans l'air. Quand elles atteignent notre nez, elles interagissent avec ses membranes et nous interprétons cela comme une odeur. Avec le temps, cette explication a été totalement confirmée. L'odeur est un phénomène qui implique le contact et n'est *pas* une action à distance.

Quant au son, le philosophe grec Aristote (389-322 av. J.-C.), vers 350 av. J.-C., remarque que les objets qui émettent des sons vibrent; il suggère que les vibrations frappent l'air dans leur voisinage immédiat et lui communiquent la vibration; que cet air entraîne l'air adjacent à vibrer et ainsi de suite, comme un ensemble de dominos invisibles. Enfin, la vibration en progression atteint notre oreille et lui communique le mouvement vibratoire de sorte que nous entendons le son.

Il se trouve qu'Aristote a tout à fait raison à ce sujet. Mais comment son hypothèse pouvait-elle être vérifiée? Si le son est conduit par l'air, alors il ne devrait *pas* être conduit en l'absence d'air. Si une cloche sonne dans le vide, elle ne devrait émettre aucun son. L'ennui est que ni Aristote ni quiconque à l'époque ou pendant les deux milliers d'années qui ont suivi ne put produire un vide et vérifier la question.

En 1644, le physicien italien Evangelista Torricelli (1608-47) met un long tube rempli de mercure debout dans un récipient rempli du même liquide et constate qu'il s'en déverse une partie. Le poids de l'atmosphère terrestre ne peut soutenir que soixante-seize centimètres de mercure. Quand le mercure se déverse, il laisse derrière lui entre le niveau du liquide et l'extrémité fermée du tube un creux qui ne contient rien, même pas d'air – du moins, rien à l'exception de quelques traces de vapeur de mercure. C'est de cette manière que fut créé le premier vide digne de ce nom par l'homme; mais c'était un petit vide, isolé, et pas très utile pour l'expérimentation.

Quelques années plus tard, en 1650, le physicien allemand Otto von Guericke (1602-86) invente un dispositif mécanique qui peu à peu pompe l'air dans un récipient. Cela lui permet de produire du vide à volonté. Pour la première fois les physiciens sont capables de mener des expériences dans le vide.

En 1657, le physicien irlandais Robert Boyle (1627-91) entend parler de la pompe à air de Guericke et, avec son assistant Robert Hooke (1635-1703), conçoit un meilleur dispositif. Il lui faut peu de temps pour montrer qu'une cloche entraînée à sonner sous un récipent de verre où l'on a fait le vide n'émet aucun son. Dès que l'air est introduit dans le récipient, la cloche sonne. Aristote avait raison et le son, comme l'odeur, n'est *pas* une action à distance.

(Néanmoins, plus de trois siècles un quart plus tard, les vaisseaux spatiaux au cinéma bourdonnent encore à travers l'espace et y explosent toujours avec fracas. Je suppose que les réalisateurs de films sont ignorants ou, plus probablement, qu'ils supposent que le public l'est et se sentent investis du droit divin de protéger et de préserver cette ignorance.)

La question est alors de savoir quels phénomènes nous pouvons ressentir à travers le vide. Le fait que la pression de l'air ne soutient qu'une colonne de 76 centimètres de mercure entraîne que l'air peut seulement s'étendre sur quelques kilomètres au-dessus de la surface de la Terre. Au-delà d'une vingtaine de kilomètres, il ne reste plus que de fines traces d'air. Cela signifie que l'écart de $149{,}6 \times 10^6$ kilomètres entre la Terre et le Soleil est pratiquement comblé par le vide; et pourtant nous percevons la chaleur du Soleil et nous voyons sa lumière, tandis que la Terre répond à l'attraction gravitationnelle du Soleil en tournant indéfiniment autour. D'autre part, il a été facile de montrer qu'un aimant ou un objet électrifié exercent leurs effets à travers le vide au contraire de la cloche.

Cela nous laisse avec cinq phénomènes qui pourraient représenter une action à distance : la lumière, la chaleur, la gravitation, le magnétisme et l'électricité.

Néanmoins, les scientifiques n'étaient pas encore très chauds pour accepter l'action à distance. Le grand Isaac Newton (1642-1727) suggère que la lumière consiste en un jet pulvérisé de très fines particules qui se déplacent strictement en ligne droite. La source de lumière émettrait ces particules et l'œil les absorberait; entre les deux, la lumière pourrait être réfléchie par un objet et les yeux verraient cet objet grâce à la lumière réfléchie. Puisque les particules touchent l'objet puis les yeux, ce n'est pas une action à distance mais une action de contact.

Cette théorie corpusculaire de la lumière expliquait un certain nombre de choses, comme le fait que les objets opaques portent des ombres nettes. Elles ne résolvait cependant pas tout. Pourquoi la lumière passant à travers un prisme devrait-elle se disperser en un arc-en-ciel de couleurs? Pourquoi les particules de lumière rouge seraient-elles moins réfractées que celles de lumière violette? Certaines explications étaient fournies, mais elles n'étaient pas entièrement convaincantes.

En 1803, l'homme de science anglais Thomas Young (1773-1829) conduit des expériences qui montrent que la lumière consiste en ondes *. Il montre qu'il existe tout une gamme de longueurs d'onde, celle de la lumière rouge étant deux fois plus grande que celle de la lumière violette; la différence de comportement dans la réfraction est ainsi facilement expliquée. Si les ombres portées sont nettes (ce qui n'est pas le cas pour les ondes sonores ou aquatiques) c'est que les longueurs d'onde de la lumière sont minuscules. En fait les ombres ne sont pas vraiment tout à fait nettes. Il existe un léger flou (la « diffraction ») qui put être mis en évidence.

Les ondes lumineuses confrontaient pour de bon les physiciens avec l'action à distance. On pouvait dire que les ondes voyagent à travers le vide, mais comment? Les ondes aquatiques se propagent à travers le mouvement des molécules de la surface de l'eau perpendiculaires à la direction de propagation (ondes transversales). Les ondes sonores se propagent à travers les mouvements de va-et-vient des molécules d'air le long de la direction de propagation (ondes longitudinales). Mais quand les ondes lumineuses se propagent à travers le vide, il n'y a aucune sorte de matière pour se déplacer de haut en bas ou de long en large. Comment alors a lieu la propagation?

La seule conclusion à laquelle les scientifiques pouvaient arriver est que le vide n'est *pas* vide; qu'il contient

* Voir « Lumières! » dans X *comme Inconnu*, Londreys, 1984.

effectivement une substance qui ondule de haut en bas (car il fut découvert que les ondes lumineuses sont transversales, comme les ondes aquatiques). Ils postulèrent donc l'existence de l'« éther », un mot emprunté à Aristote. C'était une substance si fine et si subtile qu'elle ne pouvait être détectée par les méthodes grossières de la science, mais seulement être déduite du comportement de la lumière. Elle s'insinuait partout dans l'espace et la matière, réduisant tout ce qui semblait être action à distance à une action de contact – de contact éthérique.

(On finit par comprendre que l'éther était un concept superflu, mais c'est une autre histoire. Par commodité, je continuerai à parler temporairement des nombreux effets qui peuvent s'exercer à travers le vide comme de « phénomènes éthériques ».)

Il y a donc cinq phénomènes éthériques dont j'ai dressé la liste auparavant, mais ne pourrait-on pas en découvrir d'autres, comme l'électricité et le magnétisme ont été autrefois découverts par Thalès? Ou, au contraire, ne seraient-ils pas moins nombreux? Certains phénomènes éthériques qui semblent distincts ne pourraient-ils pas finir par se révéler identiques, considérés d'un point de vue plus fondamental?

En 1800, par exemple, l'astronome germano-britannique William Herschel (1738-1822) découvre le rayonnement infrarouge, rayonnement au-delà de l'extrémité rouge du spectre. L'infrarouge a un effet si prononcé sur le thermomètre que Herschel pense tout d'abord que la région invisible du spectre consiste en « rayons de chaleur ».

Peu de temps après, cependant, la théorie ondulatoire de la lumière est établie et l'on comprend que le domaine des longueurs d'onde a une extension beaucoup plus large que celle accessible à l'œil humain *.

On commence aussi à mieux comprendre la notion de

* Voir « 400 octaves » dans X *comme Inconnu*, Londreys, 1984.

chaleur à l'époque. La chaleur peut être transmise par conduction à travers la matière solide ou par convection dans les courants circulant à travers les liquides ou les gaz : ce sont des actions qui impliquent des contacts entre atomes ou molécules. Quand la chaleur est transmise à travers le vide, par contre, en tant que phénomène éthérique, c'est par le biais du rayonnement d'ondes lumineuses; c'est en particulier le cas de l'infrarouge. Ce rayonnement n'est pas en lui-même de la chaleur, mais est perçu comme tel quand il est absorbé par la matière; l'énergie ainsi absorbée cause le mouvement ou la vibration plus rapide des atomes et molécules qui constituent cette matière.

Nous pouvons donc étendre le concept de lumière pour englober le spectre entier des rayonnements de même nature, détectables ou non par l'œil; la chaleur sous son aspect radiatif peut ainsi y être incluse. La liste des phénomènes éthériques se réduit ainsi à quatre, donc : lumière, gravitation, magnétisme et électricité.

Y a-t-il quelque chance de réduire encore la liste? Tous les phénomènes éthériques ont en commun d'être originaires d'une source et de rayonner également vers l'extérieur dans toutes les directions. D'autre part, l'intensité du phénomène décroît, dans chacun des cas, comme l'inverse du carré de la distance à la source.

Si vous vous placez à une distance donnée d'une source lumineuse et que vous mesurez l'intensité (la quantité de lumière qui frappe une unité de surface); puis que vous vous déplacez jusqu'à parcourir 3 fois la distance initiale, la nouvelle intensité mesurée est alors $1/(3)^2$ ou $1/9$ de l'intensité initiale. Cette « loi en inverse du carré de la distance » est vraie pour l'intensité gravitationnelle, électrique et magnétique.

Pourtant cela n'est pas aussi significatif que ça en a l'air. Nous pourrions visualiser chacun de ces phénomènes comme un rayonnement qui se propage vers l'extérieur à une vitesse fixée, également dans toutes les directions. A tout instant particulier, le front de l'onde occupe tout point de l'espace situé à une certaine distance de la source. Si vous réunissez l'ensemble de ces points, vous définirez la surface d'une sphère. La surface d'une sphère s'accroît comme le carré de son rayon, c'est-à-dire comme le carré de la distance au point central. Si une quantité fixée de lumière (ou de tout autre phénomène éthérique) se répartit sur la surface d'une sphère en expansion, à chaque fois que la surface double la quantité de lumière disponible par unité de surface est diminuée de moitié. Puisque la surface s'accroît comme le carré de la distance à la source, l'intensité de la lumière (ou de tout autre phénomène éthérique) décroît comme l'inverse de cette quantité.

Cela signifie que des phénomènes variés peuvent être fondamentalement différents en propriétés et pourtant se ressembler en suivant la loi en inverse du carré de la distance. Mais les phénomènes éthériques variés *sont-ils* fondamentalement différents?

Il est certain qu'ils semblent l'être. La gravitation, l'électricité et le magnétisme se présentent à l'évidence comme des phénomènes d'attraction. Cela les différencie tous les trois de la lumière, qui ne semble pas concernée par cette propriété.

Dans le cas de la gravitation, l'attraction est le *seul* effet observé. Dans le cas de l'électricité et du magnétisme, en revanche, la répulsion est présente au même titre que l'attraction. Les charges électriques du même signe se repoussent mutuellement ainsi que les pôles magnétiques de même sorte. Pourtant, électricité et magnétisme ne sont pas identiques non plus, puisque la première semble capable d'attirer toutes sortes de matériaux tandis que l'attraction magnétique paraît largement restreinte au fer.

Ainsi, dans les années 1780, le physicien français Charles Augustin de Coulomb (1736-1806), qui a montré que l'électricité et le magnétisme suivent tous deux des lois en inverse du carré de la distance, argumente d'une manière convaincante que les deux phénomènes, bien que similaires quant à cela, sont fondamentalement différents pour l'essentiel. Cette approche est alors adoptée par l'ensemble de la communauté scientifique.

Pourtant même si la théorie de Coulomb fait autorité, une révolution couve dans l'étude de l'électricité.

Jusqu'ici seule l'« électrostatique » a été l'objet de toutes les attentions : l'étude des charges électriques plus ou moins immobiles sur le verre, le soufre, l'ambre et autres matériaux aujourd'hui classés comme isolants. Des effets caractéristiques sont observés quand le contenu électrique de tels objets est amené à se décharger entre, par exemple, deux pointes disjointes séparées par l'air en produisant des crépitements et une étincelle; ou bien à l'intérieur du corps humain pour produire un choc électrique des plus désagréables.

En 1791, le physicien italien Luigi Galvani (1737-1798) découvre que des effets électriques peuvent être produits quand deux métaux sont mis en contact. En 1800 la question est approfondie par le physicien italien Alessandro Volta (1745-1827) qui utilise une série (ou « pile ») de contacts de deux métaux pour produire un flux continu d'électricité. En un rien de temps, tous les physiciens d'Europe décident de se consacrer à l'étude de l'« électrodynamique ».

Cependant cette découverte rend apparement électricité et magnétisme plus distincts que jamais. Il est facile de produire un courant de charge électrique en mouvement, mais aucun phénomène analogue n'est à signaler avec les pôles magnétiques.

Un physicien danois, Hans Christian Œrsted (1777-1851), pense autrement. Soutenant un point de vue minoritaire, il maintient qu'il y a un lien entre électricité et magnétisme. Un courant électrique qui circule dans un fil engendre la chaleur; si le fil est assez fin, il engendre même la lumière. Ne se pourrait-il pas, soutient Œrsted en 1813, qu'avec un fil encore plus fin, l'électricité y forçant son passage produise des effets magnétiques?

Cependant Œrsted passe tellement de temps à enseigner à l'université de Copenhague qu'il lui reste peu de loisir pour l'expérience; d'autant plus qu'il n'est en aucun cas un expérimentateur particulièrement doué.

Au cours du printemps 1820, néanmoins, il donne un cours sur l'électricité et le magnétisme adressé à un large public, et une expérience qu'il n'a pas eu le temps d'effectuer auparavant, lui traîne dans la tête. Sur une impulsion, il l'essaye pendant le cours. Il place un mince fil de platine au-dessus d'une boussole magnétique, dirigé parallèlement à l'axe nord-sud de l'aiguille, puis il applique un courant dans le fil. A son grand étonnement (car ce n'était pas du tout l'effet qu'il attendait), l'aiguille reçoit une secousse quand le courant est appliqué. Ce n'est pas une secousse des plus spectaculaires et l'assistance ne remarque apparemment rien; mais Œrsted revient à son expérience après le cours.

Il découvre que lorsque le courant est appliqué dans un sens l'aiguille aimantée tourne dans le sens des aiguilles d'une montre; lorsque le courant circule dans l'autre sens, l'aiguille toune dans le sens contraire. Le 21 juillet 1820, il publie sa découverte, puis abandonne la question. Mais il en a fait assez. Il a établi un certain lien entre électricité et magnétisme, et les physiciens se ruent pour approfondir le sujet avec une avidité que l'on ne retrouvera qu'avec la découverte de la fission de l'uranium un siècle plus tard.

En quelques jours, le physicien français Dominique F.I. Arago (1786-1853) montre qu'un fil porteur d'un courant électrique attire non seulement les aiguilles aimantées mais les copeaux de fer ordinaires non magnétisés, tout comme un aimant droit. Un effet magnétique, absolument indiscernable de celui d'un aimant ordinaire, est engendré par le courant électrique.

Avant la fin de l'année, un autre physicien français, André Marie Ampère (1775-1836), montre que deux fils parallèles réunis à deux piles distinctes de façon à ce que les deux courants circulent dans le même sens s'attirent mutuellement. Si les courants circulent dans des directions opposées, les fils se repoussent. En d'autre termes, les courants peuvent être amenés à agir comme des pôles magnétiques.

Ampère recourbe un fil en forme de solénoïde (comme un ressort) et découvre que l'effet du courant, circulant dans le même sens dans chaque spire, est renforcé. L'effet magnétique est plus fort qu'avec un fil droit et le solénoïde se comporte exactement comme un barreau aimanté avec pôles nord et sud.

En 1823 une expérimentateur anglais, William Sturgeon (1783-1850) enroule huit tours de fil de cuivre nu autour d'une pièce de fer en U sans laisser le fil toucher la pièce.

Ce stratagème a pour effet de concentrer encore davantage l'effet magnétique, au point qu'il obtient un « électro-aimant ». Quand le courant est branché, l'électro-aimant de Sturgeon peut soulever vingt fois son propre poids de fer. Quand le courant est coupé, l'effet magnétique disparaît et il ne peut plus rien soulever.

En 1829, le physicien américain Joseph Henry (1797-1878) utilise du fil isolé et enroule un grand nombre de spires autour d'une barre de fer pour produire un électro-aimant encore plus puissant. En 1831, il obtient un électro-aimant de faible dimension capable de soulever une tonne de fer.

Une question se pose : puisque l'électricité engendre le magnétisme, le magnétisme peut-il aussi engendrer l'électricité?

Le physicien anglais Michael Faraday (1791-1867) démontre que la réponse est affirmative. En 1831 il introduit une barre aimantée dans un solénoïde de fil qui n'est relié à aucune pile. Au moment de l'introduction, il se produit une impulsion de courant électrique dans une direction (cela est facilement détecté grâce au galvanomètre, inventé en 1820 en utilisant la découverte d'Œrsted qu'un courant électrique dévie une aiguille aimantée). Quand il retire l'aimant, il passe une impulsion de courant dans l'autre sens.

Faraday poursuit son idée en construisant un dispositif dans lequel un disque de cuivre est amené à tourner régulièrement entre les pôles d'un aimant. Un courant électrique continu s'établit ainsi dans le cuivre, qui peut être utilisé. C'est le premier générateur électrique. Henry inverse le problème en faisant tourner une roue par un courant électrique et obtient ainsi le premier moteur électrique.

Faraday et Henry inaugurent ainsi l'ère de l'électricité, née de l'observation originelle d'Œrsted.

Il est donc maintenant établi qu'électricité et magnétisme sont des phénomènes étroitement liés, que l'un peut engendrer l'autre et réciproquement. La question est alors de savoir si l'un ou l'autre peut exister séparément; s'il existe des conditions dans lequelles l'électricité ne produit *pas* de magnétisme, et vice versa.

En 1864, le mathématicien écossais James Clerk Maxwell établit le système de quatre équations relativement simples mentionnées dans le premier chapitre. Elles décrivent la nature des interrelations entre électricité et magnétisme. Il est vite apparu que les équations de Maxwell sont valables dans toutes les conditions et expliquent tout comportement électromagnétique. Même la révolution de la relativité introduite par Albert Einstein (1879-1955) dans les premières décades du XXe siècle, une révolution qui a modifié les lois du mouvement et la gravitation universelle de Newton, a laissé intactes les équations de Maxwell.

Si les équations de Maxwell sont valides, alors ni effet magnétique ni effet électrique ne peuvent exister isolément. Les deux sont toujours présents ensemble et constituent l'électromagnétisme.

D'autre part, en considérant les implications de ses équations, Maxwell trouve qu'un champ électrique variable doit induire un champ magnétique variable, qui a son tour induit un champ électrique et ainsi de suite. Les deux champs jouent à saute-mouton, pour ainsi dire, de sorte que le champ progresse en avant dans toutes les directions sous la forme d'une onde transversale se déplaçant à une vitesse de 300 000 kilomètres par seconde. C'est le « rayonnement électromagnétique ». Mais la lumière est aussi une onde transversale se propageant à la vitesse de 300 000 km/s, et on en arrive à la conclusion irrésistible que la lumière sous toutes ses longueurs d'onde, des rayons gamma aux ondes radio, est un rayonnement électromagnétique. L'ensemble forme le spectre électromagnétique.

La lumière, l'électricité et le magnétisme tous fondus en un seul phénomène décrit par un seul système de relations mathématiques : *e pluribus unum.* Il reste alors seulement deux formes d'action à distance : la gravitation et l'électromagnétisme. Avec la disparition du concept d'éther, on introduit la notion de « champ »; de « champ gravitationnel » et de « champ électromagnétique », chacun consistant en une source et un rayonnement en expansion indéfinie à partir de cette source, se propageant en avant à la vitesse de la lumière.

Après cette réduction de cinq à deux, ne devrions-nous pas nous mettre en quête d'un système encore plus général d'équations qui s'appliquerait à un champ « électromagnéto-gravitationnel » unique, où gravitation et électromagnétisme se présenterait simplement comme deux agents d'un même phénomène?

Einstein a essayé pendant trente ans d'élaborer une telle « théorie du champ unifié » et a échoué. Pendant qu'il essayait, deux nouveaux champs ont été découverts; ils diminuent chacun en intensité avec la distance si rapidement que leurs effets ne sont notables que sur des distances comparables au diamètre du noyau atomique ou moindre (d'où leur découverte tardive). Ce sont les « champ nucléaire fort » et « champ nucléaire faible ».

Dans les années 1970, les physiciens américain Steven Weinberg (né en 1933) et pakistano-britannique Abdus Salam (né en 1926) ont indépendamment développé une théorie qui montre que les champs électromagnétique et nucléaire faible sont deux aspects d'un même champ; cette théorie pourra probablement être modifiée pour inclure également le champ nucléaire fort. Jusqu'à ce jour, cependant, la gravitation reste obstinément à l'écart, toujours aussi récalcitrante.

Au bilan, donc, il reste maintenant deux grandes descriptions du monde : la théorie de la relativité, qui décrit la gravitation et le macrocosme, et la théorie quantique, qui décrit le champ électromagnétique/faible/fort et le microrosme.

Il n'a pas encore été trouvé de façon de combiner les deux; c'est-à-dire, de « quantifier » la gravitation. Je ne vois pas a priori de meilleure manière d'obtenir un prix Nobel en moins d'un an que d'accomplir cette tâche.

3

LES DEUX MASSES

J'ai vu Albert Einstein une fois.

C'était le 10 avril 1935. Je revenais d'un entretien au Columbia College, un entretien dont dépendait mon autorisation d'entrée. (Ce fut désastreux, car je n'étais pas du tout convaincant du haut de mes quinze ans, et je ne fus pas pris.)

Je m'arrêtai dans un musée pour me remettre, car je n'avais pas d'illusion sur mes chances; j'étais si confus et bouleversé que je n'ai jamais été capable de me souvenir quel musée ça pouvait bien être. Mais, errant à travers les salles dans un état de semi-hébétude, je tombai sur Albert Einstein. Je n'étais pas à tel point indifférent au monde qui m'entourait pour ne pas le reconnaître immédiatement.

A partir de cet instant, pendant une demi-heure, je le suivis patiemment de salle en salle, ne regardant rien d'autre, les yeux tout simplement rivés sur lui. Je n'étais pas seul; il y en avait d'autres dans le même cas que moi. Personne ne dit un mot, personne ne l'approcha pour un autographe ou dans toute autre intention; tout le monde se contentait de le fixer. Einstein n'y prêtait pas la moindre attention. Je suppose qu'il devait y être habitué.

Après tout aucun autre savant, sauf Isaac Newton, n'a été aussi révéré de son vivant, même par les autres grands scientifiques, sans parler des profanes et des adolescents. Ce n'est pas seulement dû à l'importance énorme de ses travaux, mais parce qu'ils semblent à certains égards presque trop détachés de monde pour être décrits; en particulier le morceau généralement considéré comme son chef d'œuvre : la Relativité Générale.

C'est certainement un gros morceau à avaler pour moi, simple biochimiste de son état et non théoricien de la physique; mais pour assumer mon rôle officieux de celui-qui-sait-tout, je suppose qu'il faut bien que j'essaye de m'y attaquer...

En 1905 Einstein présente sa théorie de la relativité restreinte (ou relativité restreinte, pour abréger), partie la plus familière de son œuvre. La relativité restreinte commence par l'hypothèse que la vitesse de la lumière dans le vide porte toujours la même valeur constante quelle que soit la vitesse de la source lumineuse par rapport à l'observateur.

De cette affirmation, une chaîne de déductions inéluctables conduit à la conclusion que la vitesse de la lumière représente la vitesse limite de tout signal dans notre univers; que si nous observons un objet en mouvement, nous observerons sa longueur diminuer dans la direction du mouvement, le rythme d'écoulement du temps de ses horloges ralentir et sa masse s'accroître, comparés à ce qu'ils seraient si l'objet restait au repos. Ces propriétés varient avec la vitesse d'une manière déterminée de sorte que lorsque celle-ci atteint la vitesse de la lumière, on observe que la longueur de l'objet et le rythme d'écoulement du temps de ses horloges s'annulent tandis que sa masse devient infinie. D'autre part, selon la relativité restreinte, l'énergie au repos et la masse sont liés selon la célèbre équation $e = mc^2$.

Supposons, cependant, que la vitesse de la lumière ne soit *pas* invariante sous toutes conditions. Dans ce cas, aucune de ces déductions n'est valable. Comment, alors, affirmer à ce propos la constance de la vitesse de la lumière?

L'expérience de Michelson et Morley * a assurément montré que la vitesse de la lumière ne varie pas avec le mouvement de la Terre; c'est-à-dire, qu'elle est la même que la lumière se déplace dans la direction de révolution de la Terre autour du Soleil ou à angle droit avec cette dernière. Il est possible d'extrapoler un principe général de cette expérience, mais elle est susceptible d'autres interprétations. (A l'extrême, elle pourrait indiquer que la Terre ne bouge pas, et que Copernic a tort.)

Malgré cela, Einstein déclara plus tard qu'il n'avait pas entendu parler de l'expérience de Michelson et Morley au moment où il conçut la théorie de la relativité restreinte; il dit qu'il lui semblait que la vitesse de la lumière devait être constante simplement parce que c'était pour lui la seule manière de se dépêtrer de certaines contradictions.

En fait, la meilleure façon de vérifier l'hypothèse d'Einstein est de vérifier si ses conséquences déduites sont observables dans l'univers réel. Si c'est le cas, nous sommes conduits à la conclusion que l'hypothèse fondamentale doit être vraie, car il n'y a pas d'autre explication possible de ces conséquences. (Ces conséquences ne peuvent pas découler de la physique newtonienne, ni d'aucune autre physique non einsteinienne ou non relativiste.)

Il aurait été extrêmement difficile de vérifier la relativité restreinte dans l'état des connaissances physiques de 1895, dix ans avant qu'Einstein présente sa théorie. Les variations étonnantes qu'elle prédit dans le cas de la longueur, de la masse et du temps ne sont perceptibles qu'à grandes vitesses, bien plus grandes que celles rencontrées dans la vie quotidienne. Par un coup de chance, cependant, le monde des particules subatomiques ouvre ses portes dans la décade qui

* (*N.d.T*) Expérience réalisée en 1887 par Michelson et Morley, dont le but était de montrer l'influence du mouvement de la Terre sur la vitesse de la lumière. Grâce à *l'interféromètre de Michelson*, il était possible de comparer la durée mise par la lumière pour aller et venir dans la direction du mouvement de la Terre et la durée qu'elle met pour parcourir un trajet de même longueur dans une direction perpendiculaire. Contre l'attente des deux savants, ces deux durées se sont avérées strictement identiques.

précède la publication de la théorie. Ces particules se déplacent à des vitesses de 15 000 km/s et plus, et à *ces* vitesses les effets relativistes sont appréciables.

Il s'avère que toutes les prédictions de la relativité restreinte sont vérifiées; non seulement qualitativement mais quantitativement. Non seulement un électron augmente de masse avec sa vitesse, mais à 9/10e de la vitesse de la lumière sa masse est multipliée par 2,3, juste comme le prédit la théorie.

La relativité restreinte a été testée un nombre incroyable de fois pendant les huit dernières décades et a passé avec succès toutes les épreuves. Les énormes accélérateurs de particules construits depuis la Seconde Guerre mondiale ne fonctionneraient pas s'ils ne prenaient pas précisément en compte les effets relativistes comme le prévoient les équations d'Einstein. Sans l'équation $e = mc^2$, pas d'explications au effets énergétiques des interactions subatomiques, aux fonctionnement des centrales nucléaires, ou à la lumière du Soleil. Par conséquent, aucun physicien à peu près sain d'esprit ne peut mettre en doute la validité de la relativité restreinte.

Cela ne signifie pas que la relativité restreinte représente nécessairement la vérité ultime. Il est tout à fait possible qu'un jour une théorie plus élargie soit développée qui explique tout ce que la relativité restreinte explique déjà et plus encore. D'un autre côté, rien jusqu'ici ne semble justifier une remise en cause de la relativité restreinte, à l'exception de l'*apparente* séparation rapportée des parties d'un quasar à une vitesse supérieure à celle de la lumière; or il y a fort à parier que c'est probablement une illusion d'optique explicable dans le cadre de la théorie d'Einstein.

Donc, même si une telle théorie élargie était développée, elle devrait se ramener à la relativité restreinte dans les limites du domaine d'expérimentation actuel; tout comme la relativité restreinte se ramène aux lois du mouvement ordinaires de Newton si l'on reste dans le domaine des faibles vitesses de la vie quotidienne.

Pourquoi la relativité restreinte est-elle appelée « restreinte »? Parce qu'elle se restreint au cas particulier du mouvement constant. La relativité restreinte vous dit tout ce que vous voulez savoir si vous vous intéressez à un objet qui se déplace à vitesse constante, sans changer de direction, par rapport à vous.

Mais si la vitesse ou la direction d'un objet ou les deux varient par rapport à vous? Dans ce cas la relativité restreinte est insuffisante.

A strictement parler, le mouvement n'est jamais constant. Il y a toujours des forces présentes qui modifient en intensité ou en direction la vitesse de tout objet en mouvement. Par conséquent, on pourrait argumenter que la relativité restreinte est toujours insuffisante.

Soit, mais l'insuffisance peut être assez faible pour être ignorée. Les particules subatomiques qui se déplacent à grande vitesse sur de courtes distances n'ont pas le temps de beaucoup accélérer, et la relativité restreinte peut être appliquée.

Cependant dans l'univers en général, à l'échelle des planètes et des étoiles, la relativité restreinte est grossièrement insuffisante, car nous sommes en présence de grandes accélérations immanquablement entraînées par l'existence de champs gravitationnels importants et permanents.

Au niveau subatomique, la gravitation est si excessivement faible en comparaison avec les autres forces qu'elle peut être négligée. Au niveau macroscopique, par contre, elle ne peut être ignorée; en fait, tout *sauf* la gravitation peut être ignoré.

Près de la surface de la Terre, un objet qui chute accélère tandis qu'un objet qui s'élève ralentit; tous deux sont des exemples d'accélérations entièrement dues à la progression à travers le champ gravitionnel de la Terre. La Lune décrit une orbite autour de la Terre, la Terre autour du Soleil, le Soleil autour du centre galactique, la galaxie autour du centre du Groupe Local, etc.; dans chaque cas le mouvement orbital comporte une accélération, puisqu'il se produit un changement continu dans la direction du mouvement. De telles accélérations sont aussi engendrées en réponse aux champs gravitationnels.

Einstein s'est donc attaqué à l'application de ses notions de relativité dans le cas du mouvement *en général*, accéléré aussi bien que constant – en d'autres termes, tous les mouvements réels dans l'univers. Son travail s'est achevé par la construction de la théorie de la relativité générale, ou relativité générale. Pour ce faire, il a dû en premier lieu considérer la gravitation.

Il y a une énigme à propos de la gravitation qui remonte à l'époque de Newton. Selon la formulation mathématique de Newton de la loi de l'attraction universelle, l'intensité de l'attraction gravitationnelle dépend de la masse. La Terre attire un objet de masse de 2 kg exactement deux fois plus fort qu'un objet de masse de 1 kg. D'autre part, si la Terre doublait sa propre masse elle attirerait tout objet exactement deux fois plus fort que dans le cas présent. Nous pouvons donc mesurer la masse de la Terre en mesurant l'intensité de l'attraction qu'elle exerce sur un objet donné; ou nous pouvons mesurer la masse d'un objet en mesurant la force exercée sur lui par la Terre.

La masse ainsi déterminée est la « masse gravitationnelle ».

Newton a cependant aussi déterminé les lois du mouvement et soutenu que toute force exercée sur un objet cause l'accélération de celui-ci. La quantité d'accélération est inversement proportionnelle à la masse de l'objet. En d'autres termes, si la même force est exercée sur deux objets, l'un avec une masse de 2 kg et l'autre de 1 kg, l'objet de 2 kg sera accéléré exactement deux fois moins que celui de 1 kg.

La résistance à l'accélération est appelée l'inertie, et on peut dire que plus la masse d'un objet est grande, plus son inertie est grande; c'est-à-dire, moins il sera accéléré sous l'action d'une force donnée. Il est donc possible de mesurer la masse d'un corps en mesurant son inertie, c'est-à-dire, en mesurant l'accélération à laquelle il est soumis par une force donnée.

La masse ainsi déterminée est la « masse inerte ».

Toute masse déterminée a été mesurée soit par des effets gravitationnels soit par des effets d'inertie. Les deux méthodes sont considérées comme valables et interchangeables, bien que les deux masses n'aient pas de lien *apparent*. Ne pourrait-il pas après tout exister des objets qui, faits de certains matériaux ou placés dans certaines conditions, montreraient un champ gravitationnel intense mais très peu d'inertie, ou vice versa? Pourquoi pas?

Cependant, lorsqu'on mesure d'abord la masse gravitationnelle d'un corps puis sa masse inerte, les deux mesures se révèlent toujours égales. Cela pourrait néanmoins n'être qu'une apparence. Il pourrait y avoir une petite différence, trop petite pour être remarquée à l'ordinaire.

En 1909, une importante expérience fut réalisée par un physicien hongrois, Roland, Baron von Eötvös.

Il suspendit une barre horizontale par une fibre délicate. A une extrémité de la barre se trouvait une boule d'une matière et à l'autre une boule d'une autre matière. Le Soleil attire à la fois les deux boules et les soumet chacune à une accélération. Si les boules sont de masses différentes, disons 2 kg et 1 kg, la masse de 2 kg est alors attirée deux fois plus fort que la masse de 1 kg, et on pourrait s'attendre à ce qu'elle soit accélérée deux fois plus. Cependant, la masse de 2 kg a une inertie double de celle de 1 kg. Pour cette raison, la masse de 2 kg est accélérée deux fois moins pour chaque kilogramme et finit donc par être accélérée de la même quantité que la masse de 1 kg.

Si les masses inertes et gravitationnelles sont *exactement* égales, les deux boules sont alors soumises *exactement* à la même accélération; la barre horizontale peut être attirée vers le Soleil d'une quantité infinitésimale, mais elle ne subit aucune rotation. Si les deux masses ne sont pas tout à fait égales, alors une boule sera accélérée un peu plus que l'autre et la barre subira un léger couple de torsion. Ce couple agira sur la fibre, qui jusqu'à un certain point se tord en proportion du couple exercé. De l'angle de torsion de la barre, on peut déduire la valeur de la différence entre masse inerte et masse gravitationnelle.

La fibre utilisée était très fine, de très faible résistance à la torsion, et pourtant la barre horizontale ne montra aucune torsion mesurable. Eötvös avait calculé qu'une différence entre les deux masses de 1 pour 200 000 000 aurait produit une torsion mesurable, ce qui indiquait avec quelle précision les deux masses étaient identiques.

(Depuis lors, des versions encore plus fines de l'expérience d'Eötvös ont été menées à bien et nous sommes maintenant certains par observation directe que masse inerte et masse gravitationnelle sont identiques avec une précision de 1 pour 1 000 000 000 000.)

Einstein, en élaborant la relativité générale, commence par supposer que masse inerte et gravitationnelle sont *exactement* égales parce qu'elles sont essentiellement *une seule et même chose*. C'est ce qu'on appelle « le principe d'équivalence », qui joue le même rôle en relativité générale que la constance de la vitesse de la lumière en relativité restreinte.

Il était possible même avant Einstein de s'apercevoir que l'accélération produite par inertie peut occasionner les mêmes effets que la gravitation. Chacun de nous peut en faire l'expérience.

Si, par exemple, vous êtes dans un ascenseur qui commence à descendre en acquérant de la vitesse au départ, pendant cette période d'accélération le plancher de l'ascenseur se dérobe sous vos pieds, pour ainsi dire, de sorte que vous appuyez dessus avec moins de force. Vous sentez votre poids décroître comme si vous étiez soulevé vers le haut. L'accélération vers le bas est équivalente à une diminution de l'attraction gravitationnelle.

Naturellement, une fois que l'ascenseur atteint une vitesse particulière et s'y maintient, il n'y a plus d'accélération et vous sentez votre poids normal. Si l'ascenseur se déplace à une vitesse quelconque constante en intensité et en direction, vous ne ressentez aucun effet gravitationnel dû à l'inertie. En fait, si vous voyagez à travers le vide dans une boîte totalement close, sans voir le paysage défiler ni sentir la résistance de l'air ni entendre le sifflement du vent, vous n'avez absolument aucun moyen de distinguer votre état de mouvement constant d'un autre (de vitesse différente) ou de l'état de repos. C'est un des points fondamentaux de la relativité restreinte.

C'est parce que la Terre voyage à travers le vide à une vitesse presque constante en intensité et en direction (sur de courtes distances) qu'il nous est si difficile de distinguer ce mouvement de l'état de repos.

Si l'ascenseur continue à accélérer vers le bas de plus en plus vite, vous sentirez votre poids décroître continuement. Si l'ascenseur atteint une accélération suffisante – s'il tombe sous l'accélération naturelle que l'attraction gravitationnelle lui impose (chute libre) – alors toute sensation de poids disparaît. Vous flottez librement.

Si l'ascenseur est accéléré vers le bas plus vite qu'en chute libre, vous ressentirez l'équivalent d'une attraction gravitationnelle *vers le haut*, et le plafond remplira pour vous les fonctions de plancher.

Naturellement, on ne peut pas attendre d'un ascenseur qu'il accèlère vers le bas très longtemps. D'une part, il faudrait une cage d'ascenseur extraordinairement longue dans laquelle il pourrait continuer à descendre, de l'ordre de l'année de lumière, si l'on veut aller à l'extrême. D'autre part, même s'il existait une telle cage imaginaire, un taux d'accélération constant entraînerait bientôt la vitesse à atteindre une fraction importante de la vitesse de la lumière. Cela introduirait des effets relativistes appréciables et compliquerait la question.

On peut cependant imaginer une autre situation. Un objet en orbite autour de la Terre est en fait en chute permanente vers la planète sous une accélération imposée par l'attraction gravitationnelle de cette dernière. Cependant, il est également en mouvement horizontal par rapport à la surface de la Terre, et puisque la Terre est sphérique, la surface se recourbe pour fuir l'objet tombant. L'objet est donc en chute constante mais n'atteint jamais la surface. Il continue à chuter et chuter pendant des milliards d'années, peut-être. Il est en chute libre perpétuelle.

Ainsi un vaisseau spatial qui croise en orbite autour de la Terre est maintenu sur cet orbite par l'attraction terrestre, mais tout ce qui se trouve dans le vaisseau chute *avec* le vaisseau et expérimente l'absence de gravitation, tout comme à l'intérieur d'un ascenseur en chute libre perpétuelle. (En fait les astronautes ressentent l'attraction gravitationnelle du vaisseau lui-même et leur attraction mutuelle, sans parler de celle des autres planètes et étoiles lointaines, mais ce sont toutes des forces infimes tout à fait imperceptibles.) C'est pourquoi les passagers des vaisseaux spatiaux en orbite flottent librement.

De même, la Terre est sous la coupe de l'attraction gravitationnelle du Soleil, qui la maintient en orbite autour de lui. De même pour la Lune. La Terre et la Lune sont ensemble en chute perpétuelle vers le Soleil et, comme elles sont en chute libre, ne ressentent pas l'attraction du Soleil au niveau de leur interrelation.

Or la Terre a son propre champ gravitationnel qui, bien que beaucoup plus faible que celui du Soleil, n'en est pas pour autant négligeable. La Lune répond donc à l'attraction terrestre, tourne autour de la Terre comme si le Soleil n'existait pas. (En vérité, puisque la Lune est un peu éloignée de la Terre et se trouve parfois un peu plus proche, parfois un peu loin du Soleil que notre planète, l'attraction du Soleil est légèrement différente sur les deux mondes et ce phénomène introduit certains « effets de marées » mineurs qui témoignent de l'existence du Soleil.)

Pareillement, nous-mêmes sur la Terre ne ressentons que l'attraction de celle-ci et pas du tout celle du Soleil, puisque nous partageons avec la Terre son mouvement de chute libre par rapport au Soleil, et puisque l'effet de marée du Soleil sur nous-mêmes est bien trop faible pour être détecté ou ressenti.

Supposons maintenant que nous sommes dans un ascenseur en accélération vers le haut. Cela se produit pendant une fraction de minute à chaque fois que nous prenons un ascenseur qui s'élève. Si c'est un ascenseur rapide, quand il commence à s'élever il y a un moment d'accélération appréciable pendant lequel le plancher monte vers nous et nous nous sentons comprimés vers le bas. L'accélération vers le haut produit la sensation d'un accroissement de l'attraction gravitationnelle.

A nouveau, cette sensation est brève, car l'ascenseur atteint sa vitesse maximale et s'y maintient au cours de son trajet jusqu'au moment de l'arrêt, où il passe par un ralentissement passager pendant lequel vous ressentez la sensation d'une diminution de l'attraction gravitationnelle. Tant que l'ascenseur se déplace à vitesse constante vous ne ressentez strictement rien.

Bien, alors supposez maintenant que l'ascenseur, complètement clos, s'élève dans une cage de plusieurs années de lumière de longueur, en accélérant doucement à travers le vide pendant une période infinie, de plus en plus vite. Vous ressentiriez un accroissement continu de l'attraction gravitationnelle. (Les astronautes ressentent cela pendant une certaine durée quand une fusée accélère pour s'arracher de la Terre, et ils sont désagréablement comprimés vers le bas. En fait, il y a une limite à l'intensité de l'accélération qui peut être supportée sans entraîner la mort des astronautes.)

Mais supposez qu'il n'y ait pas de Terre : juste un ascenseur en accélération vers le haut. Si le taux d'accélération atteint la valeur appropriée, vous ressentez l'équivalent d'une attraction gravitationnelle exactement semblable à celle présente à la surface de la Terre. Vous serez parfaitement à l'aise dans vos mouvements et vous pourrez imaginer que l'ascenseur est au repos sur la surface terrestre.

C'est ici qu'Einstein a eu un éclair d'imagination. En supposant que la masse inerte et la masse gravitationnelle sont identiques, il a aussi supposé qu'il n'y a aucun moyen – je dis bien aucun – de distinger si l'on se trouve dans une cabine enclose en mouvement vertical à une accélération constante de

9,8 mètres par seconde ou dans la même cabine en repos à la surface de la Terre.

Ce qui signifie que tout ce qui peut arriver dans la cabine en accélération peut aussi arriver au repos sur la surface terrestre.

Cela est facile à envisager en ce qui concerne la chute des corps ordinaires. Un objet tenu à hauteur de bras dans la cabine en accélération tombe quand il est relâché avec une accélération apparente constante parce que le plancher de la cabine se déplace pour le rencontrer avec une accélération constante.

Un objet laché près de la surface terrestre se comporte donc exactement de la même façon. Cela ne signifie pas que la Terre est accélérée verticalement vers lui, mais simplement que l'attraction gravitationnelle produit un effet indiscernable de l'accélération verticale vers le haut.

Einstein insiste cependant sur le fait que cela concerne *tous* les effets. Si un rayon de lumière est émis à l'horizontale à travers la cabine en accélération verticale, celle-ci se trouvera un peu plus haut quand le rayon de lumière achèvera son trajet : il semblera donc s'être incurvé vers le bas en traversant la cabine. La lumière voyage tellement vite, assurément, que pendant le temps mis pour traverser la cabine le rayon se sera imperceptiblement déplacé vers le bas – mais il se sera tout de même incurvé : il n'y a pas de doute sur la question.

Donc, dit Einstein, un rayon de lumière soumis à l'attraction gravitationnelle de la Terre (ou à n'*importe quel* champ gravitationnel) doit aussi suivre un trajet incurvé. Plus le champ gravitationnel est intense et plus le trajet du rayon est long, plus la courbure est remarquable. C'est un exemple de déduction tiré du principe d'équivalence qui ne pouvait être tiré des théories précédentes de la structure de l'univers. Toutes ces conséquences rassemblées constituent la théorie de la relativité générale.

Parmi celles-ci, il faut notamment à la lumière un peu plus de temps pour voyager entre *A* et *B* quand elle est soumise à un champ gravitationnel parce qu'elle suit un trajet courbe; la lumière diminue de fréquence lorsqu'elle se déplace contre un champ gravitationnel et doit donc présenter un décalage vers le rouge, etc.

De même, en considérant toutes les déductions, on en vient logiquement à considérer la courbure de l'espace-temps. Tout s'incurve de sorte que les effets gravitationnels sont dûs à la géométrie de l'espace-temps plutôt qu'à une « attraction ».

Il est possible de construire une analogie simple des effets gravitationnels en imaginant une grande feuille faite de caoutchouc indéfiniment extensible étendue très haut au-dessus de la surface de la Terre. Le poids de n'importe quelle masse au repos sur cette feuille enfonce le caoutchouc en un point et crée un « puits de gravitation ». Plus la masse est grande et plus elle comprime le caoutchouc, plus le puits est profond et plus ses parois sont raides. Un objet roulant sur la feuille peut raser un bord du puits de gravitation, s'enfoncer dans le rebord peu profond et ressortir. De la sorte, il aura été forcé de suivre un trajet courbe comme s'il avait été soumis à une attraction gravitationnelle.

Si l'objet roulant suit un trajet qui l'entraîne plus profondément dans le puits, il peut y rester piégé et être amené à suivre une courbe elliptique inclinée le long des parois. S'il y a frottement entre l'objet en mouvement et les parois, l'orbite finit par décroître et l'objet par tomber sur la masse au fond du puits.

En fin de compte, Einstein a été capable d'établir à partir de la relavitivé générale certaines « équations du champ » qui s'appliquent à l'univers considéré comme un tout. Ces équations du champ ont été les fondements de la cosmologie scientifique (l'étude des propriétés globales de l'univers).

Einstein a proposé la relativité générale en 1916. Une question surgit immédiatement : cette théorie a-t-elle pu être confirmée par l'observation comme la relativité restreinte l'a été peu après sa publication, onze ans plus tôt?

C'est là tout le problème. Alors que les relativités restreinte et générale prédisent toutes les deux des effets qui diffèrent si peu en intensité des vieilles prédictions newtoniennes qu'ils sont presque indétectables, la découverte fortuite des phénomènes subatomiques a rendu possible l'étude de manifestations très prononcées des effets de la relativité restreinte.

La relativité générale n'a pas eu cette chance. Pendant un demi-siècle après sa publication, il n'y a eu que des effets infimes à partir desquels on pouvait distinguer la relativité générale de la théorie newtonienne.

De telles observations pouvaient être présentées en faveur de la relativité générale, mais pas de façon indiscutable. La relativité générale est donc restée sujette à caution pendant longtemps (mais *pas* la relativité restreinte, alors solidement établie).

En outre, comme la version d'Einstein n'était pas fermement confirmée, d'autres savants essayèrent d'élaborer des formulations mathématiques alternatives fondées sur le principe d'équivalence; il émergea donc un certain nombre de relativités générales différentes.

Il se trouva que celle d'Einstein était la plus simple, celle qui pouvait le plus clairement être exprimée en termes mathématiques. C'était la plus « élégante ».

L'élégance, pour l'attraction puissante qu'elle exerce chez les mathématiciens et les scientifiques, n'est pas un gage absolu de vérité. Il était donc nécessaire de trouver (si possible) des tests qui non seulement permettraient de distinguer la relativité générale d'Einstein des conceptions newtoniennes, mais aussi de toutes les autres relativités générales en compétition.

Nous aborderons cette question dans le prochain chapitre.

4

LA GÉNÉRALE VICTORIEUSE

Carol Brener, femme d'esprit, propriétaire d'une librairie spécialisée dans le fantastique et la science-fiction, m'a appelé l'autre jour pour me demander si elle pouvait m'envoyer un client privilégié avec un exemplaire de mon livre *Les Robots de l'aube* afin que je puisse le dédicacer. Naturellement, j'ai aussitôt accepté.

Ce « client » arriva et, agréable surprise, se révéla être une jeune femme d'une beauté exceptionnelle. Instantanément je fondis en suavité (comme à mon habitude). Je l'invitai à entrer et je signai le livre.

– Ne me dites pas, lui dis-je grand charmeur, que Carol vous a envoyé dans mon antre sans vous avoir mis en garde à mon propos.

– Oh, elle m'a prévenue, dit la jeune femme avec sang-froid. Elle m'a dit de ne pas m'inquiéter parce que vous êtes fondamentalement inoffensif.

... Et c'est, j'espère, l'attitude qu'il convient de prendre envers ce second essai que j'écris sur la relativité générale. Le sujet paraît redoutable mais (touchons du bois) espérons qu'il se révélera fondamentalement inoffensif.

Dans le chapitre précédent j'ai expliqué que la relativité générale était fondée sur l'hypothèse que les masses inerte et gravitionnelle sont identiques, et que l'on pouvait donc considérer les effets gravitionnels comme identiques aux effets que l'on observerait dans un système en accélération constante.

La question est : comment démontrer que cette conception de la gravitation est plus valable que celle de Newton?

Pour commencer, il y a ce qu'on appelle « les trois tests classiques ».

Le premier provient du fait qu'à l'époque où Einstein avance la relativité générale en 1916, subsistait une énigme gravitationnelle agaçante à propos du système solaire. A chaque fois que Mercure tourne autour du Soleil sur son orbite elliptique, la planète passe par un point où elle est la plus proche du Soleil : le périhélie. La position de ce périhélie n'est pas immobile par rapport aux étoiles fixes, mais avance légèrement à chaque tour. On pensait que cela était dû aux effets mineurs (« perturbations ») de l'attraction gravitationnelle des autres planètes. Cependant, une fois ces derniers pris en compte il demeurait une légère avance du périhélie qui s'élevait à 43 secondes d'arc par siècle.

C'est un mouvement très faible (il couvrirait seulement la largeur apparente de la Lune après 4 337 ans), mais il était détectable et préoccupant. La meilleure explication qui put être avancée était l'existence d'une planète inconnue à l'intérieur de l'orbite de Mercure, dont l'attraction gravitationnelle imprévue aurait été responsable de cet avance du périhélie autrement incompréhensible. Le seul problème est que cette soi-disante planète n'a jamais pu être détectée.

Pour Einstein, cependant, le champ gravitationnel est une forme d'énergie; et cette énergie est équivalente à une masse minuscule qui à son tour produit un supplément de champ gravitationnel. Le Soleil avait donc un peu plus de gravitation que ne lui en accordait la théorie newtonienne et *cela,* sans prendre en considération une autre planète, suffisait à rendre compte de l'avance du périhélie de Mercure.

Ce fut une victoire rapide et impressionnante pour la relativité générale; une victoire qui pourtant se révela de faible portée. Tous les calculs concernant la position du périhélie de Mercure supposaient que le Soleil était une sphère parfaite. Puisque l'astre est une boule de gaz dotée d'un champ gravitationnel intense, cela semblait une bonne hypothèse.

Cependant le Soleil tourne et, par conséquent, devrait être légèrement aplati aux pôles. Même un faible renflement équatorial du Soleil suffirait à produire un effet capable d'expliquer tout ou partie de l'avance du périhélie de Mercure, et cela jetterait un doute sur la relativité générale.

En 1967, le physicien américain Robert Henry Dicke effectua des mesures très fines de la taille du disque solaire et rapporta un léger aplatissement, suffisant pour rendre compte de 3 des 43 secondes d'arc d'avance par siècle. Cette annonce fit sensation dans la presse scientifique comme un coup possible porté à la relativité générale d'Einstein.

Depuis lors, des valeurs inférieures de l'aplatissement solaire ont été cependant rapportées et la question reste controversée. Mon avis est que l'on finira par trouver que le Soleil est aplati de manière insignifiante, mais l'avance du périhélie de Mercure n'est désormais plus considérée comme une bonne preuve de la relativité générale d'Einstein.

Qu'en est-il des deux autres tests classiques?

Le deuxième concerne la question de la courbure de la lumière sous un champ gravitationnel, sujet que j'ai déjà abordé dans le chapitre 3. Si ce phénomène avait pu effectivement être observé dans la mesure prédite par la théorie, il aurait été plus impressionnant que le problème du périhélie de Mercure. Après tout, le mouvement du périhélie de Mercure était connu et il était concevable que les équations d'Einstein eussent été façonnées pour s'y ajuster. Or personne n'avait jamais pensé à vérifier la courbure gravitationnelle de la lumière, car personne n'avait jamais imaginé qu'un tel phénomène pût exister. Si un phénomène aussi inattendu avait été prédit et son existence ensuite confirmée, c'eût été un triomphe considérable pour la théorie.

Comment le vérifier? Si une étoile se trouvait située très

près de la position du Soleil dans le ciel, sa lumière rasant le Soleil s'incurverait d'une façon telle que l'étoile semblerait légèrement plus décalée par rapport à la position du Soleil qu'elle ne l'est en réalité. La relativité générale montre qu'une étoile dont la lumière effleure juste le bord du Soleil serait déplacée de 1,75 secondes d'arc, soit environ un millième de la largeur apparente du Soleil. Ce n'est pas beaucoup, mais c'est mesurable – excepté que ces étoiles proches de la position apparente du Soleil dans le ciel ne sont pas visibles dans les conditions ordinaires.

Pendant une éclipse totale du Soleil, toutefois, elles le deviendraient, et une telle éclipse était prévue pour le 29 mai 1919. Le Soleil se retrouverait situé alors au milieu d'un groupe d'étoiles brillantes. L'astronome britannique Arthur Stanley Eddington, qui avait réussi à obtenir une copie des articles d'Einstein sur la relativité générale par l'intermédiaire des Pays-Bas, neutres pendant les jours sombres de la Première Guerre mondiale, fut très impressionné par ces travaux et organisa une expédition pour effectuer les mesures nécessaires des positions de ces étoiles l'une par rapport à l'autre. Ces mesures pouvaient ensuite être comparées avec les positions connues de ces mêmes étoiles à un moment où le Soleil était très éloigné dans le ciel.

Les mesures furent effectuées et, sous l'excitation croissante engendrée parmi les astronomes, les étoiles montrèrent l'une après l'autre le déplacement prévu. La relativité générale était démontrée d'une manière spectaculaire et le résultat fit les gros titres de la presse. Einstein était devenu subitement ce qu'il resta durant toute sa vie : le savant le plus célèbre du monde.

Et pourtant, bien que l'éclipse de 1919 soit supposée (dans la mythologie populaire de la science) avoir confirmé la question, et bien que moi-même l'ait également toujours considérée comme telle, elle n'a pas en définitive vraiment établi la relativité générale.

Les mesures étaient nécessairement floues; la comparaison entre ces mesures et les positions en d'autres périodes de l'année était difficile à établir avec précision : des incertitudes supplémentaires étaient introduites par le fait qu'à différentes périodes différents téléscopes avaient été utilisés sous des conditions atmosphériques variées. Globalement, les données n'étaient pas assez solides pour affermir la relativité générale. Elles ne pouvaient en aucun cas servir à distinguer la théorie d'Einstein des autres variantes en compétition.

En outre, des mesures ultérieures effectuées à l'occasion de nouvelles éclipses ne semblèrent pas améliorer la situation.

Et le troisième des tests classiques?

J'ai mentionné au chapitre 3 que la lumière qui se propage en luttant contre l'attraction de la gravitation devait diminuer de fréquence, puisque la lumière agirait certainement de la sorte si elle se propageait à contre-courant d'une source en accélération. Cette diminution signifie que toute raie spectrale de longueur d'onde donnée en l'absence de gravitation serait décalée vers le rouge quand portée par un rayon lumineux se propageant contre l'attraction d'un champ gravitationnel. C'est le « décalage vers le rouge gravitationnel ».

Un tel décalage est cependant très faible et il faut un champ gravitationnel extraordinairement intense pour en produire un qui soit nettement mesurable.

A l'époque où Einstein présente sa théorie, le champ gravitationnel le plus intense, le plus facilement accessible à l'étude semble être celui du Soleil qui, aussi intense qu'il soit, est trop faible pour être utile à la vérification du décalage vers le rouge d'Einstein.

Cependant, juste quelques mois avant la publication des travaux d'Einstein, l'astronome américain Walter Sydney Adams apporte la preuve que le sombre compagnon de Sirius (« Sirius B ») est en fait une étoile ayant la masse du Soleil mais le volume d'une petite planète. Cette affirmation fut assez difficile à croire d'emblée et la notion de « naine blanche » fut ignorée pendant un moment.

C'est Eddington qui verra toutefois assez clairement que si Sirius B est réellement très petit, il doit être très dense et posséder un champ gravitationnel d'intensité énorme. Sa lumière devrait donc présenter un décalage vers le rouge gravitationnel nettement perceptible si la relativité générale est valide.

Adams continue à étudier le spectre de Sirius B en détail et, en 1925, rapporte que le décalage d'Einstein est bien présent et assez proche de ce que la relativité générale prédit.

De nouveau l'annonce est saluée comme un triomphe, mais de nouveau, une fois l'euphorie passée, un certain manque de clarté est attribué au résultat. La mesure du décalage n'était pas très précise pour un certain nombre de raisons (par exemple, le mouvement propre de Sirius B introduit un décalage des raies spectrales non lié à la relativité générale, ce qui entraîne une fâcheuse incertitude). Par suite, le test ne pouvait certainement pas être utilisé pour départager la théorie d'Einstein des autres relativités générales, et l'étude de l'émission d'autres naines blanches ne semblait pas faire avancer le problème.

Aussi tard qu'en 1960, quarante-quatre ans après l'introduction de la relativité générale et cinq ans après la mort d'Einstein, la théorie s'appuyait encore sur les trois tests classiques, tout simplement inappropriés à leur fonction. Il semblait n'y avoir aucun autre test possible pour pouvoir étayer sérieusement la théorie.

Les astronomes paraissaient devoir se passer d'une description adéquate de l'univers global, et à jamais continuer de discuter des nombreuses possibilités relativistes générales comme les scolastiques débattant du nombre d'anges dansant sur une tête d'épingle.

Le seul argument constructif que l'on pouvait à peu près défendre était la simplicité de l'expression mathématique de la version d'Einstein, et donc la supériorité de son élégance – ce qui n'était en aucun cas un argument de validité.

Puis, à partir de 1960, tout change...

Le physicien allemand Rudolf Ludwig Mössbauer est reçu à son doctorat en 1958, à l'âge de vingt-neuf ans et, la même année, présente ce qui est maintenant appelé l'« effet Mössbauer », pour lequel il reçoit le prix Nobel de physique en 1961.

L'effet Mössbauer concerne l'émission de rayons gamma par certains atomes radioactifs. Les rayons gamma consistent en photons énergétiques, et leur émission entraîne un recul de l'atome émetteur. Le recul réduit partiellement l'énergie du photon gamma émis. A l'ordinaire, l'importance du recul varie d'un atome à l'autre pour nombre de raisons; il s'ensuit que les photons émis en grande quantité par un ensemble d'atomes couvrent un domaine de valeurs d'énergie très large.

Sous certaines conditions, cependant, quand les atomes font partie d'un cristal régulier et de bonne taille, ils émettent des photons gamma de telle sorte que tout le cristal encaisse le recul en bloc. Puisque le cristal est de masse gigantesque par rapport à un atome isolé, le recul qu'il subit est insignifiant. Tous les photons sont émis à pleine énergie; par conséquent le faisceau présente un étalement en énergie pratiquement nul. C'est ce qu'on désigne sous le nom d'effet Mössbauer.

Des photons gamma qui possèdent *exactement* l'énergie correspondant à l'émission par un cristal sous ces conditions, seront fortement absorbés par un cristal de même type. Si leur énergie est différente, même légèrement, en excès ou par défaut, leur absorption par un tel cristal sera nettement diminuée.

Supposez alors un cristal émetteur de rayons gamma situé à la base d'un bâtiment avec son flux de photons dirigé vers le haut pour atteindre un cristal absorbant à vingt mètres au-dessus sur le toit. Selon la relativité générale, les photons s'élevant contre l'attraction de la gravitation terrestre diminueront en énergie. Leur variation d'énergie sera extrêmement faible, mais suffisante pour empêcher le cristal sur le toit de les absorber.

Le 6 mars 1960, deux physiciens américains, Robert Vivian Pound et Glen Rebka, Jr., rapportent qu'ils ont mené à bien une telle expérience et que les photons n'ont *pas* été absorbés. D'autre part, ils ont ensuite mis en mouvement vers le bas le cristal récepteur très lentement de façon à accroître très légèrement l'énergie des collisions avec les photons incidents. Ils ont mesuré la vitesse de descente qui augmente juste assez l'énergie pour compenser la perte relativiste et permettre aux photons d'être fortement absorbés. De cette manière ils ont déterminé exactement de combien était la perte d'énergie des photons en mouvement contre la gravitation, et ils ont trouvé un résultat en accord avec les prédictions d'Einstein avec une marge de moins de 1 %.

C'était la première démonstration réelle et indiscutable de la validité de la relativité générale, la première à être entièrement menée en laboratoire. Jusque là, les trois tests classiques avaient tous été astronomiques et s'appuyaient sur des mesures entachées d'incertitudes inhérentes, presque impossibles à réduire. Au laboratoire, tout pouvait être étroitement contrôlé et la précision était beaucoup plus grande. Il était également étonnant que l'effet Mössbauer n'eût pas exigé l'intervention d'une naine blanche ou même du Soleil. Le champ gravitationnel relativement faible de la Terre avait suffi, sur une différence de hauteur pas plus élevée que les six étages d'un petit immeuble.

Néanmoins, bien que l'effet Mössbauer puisse être considéré comme l'assise la plus solide de la relativité générale qui a définitivement passé de mode la gravitation newtonienne, les autres variantes de la relativité générale (en fait introduites après 1960) ne furent pas éliminées par cette expérience.

Le 14 septembre 1959, un écho radar est reçu pour la première fois d'un objet situé hors du système Terre-Lune : de la planète Vénus.

Les échos radar sont produits à l'aide d'un faisceau de micro-ondes (ondes radio de très haute fréquence) qui voyage à la vitesse de la lumière, dont la valeur est connue avec une précision considérable. Un faisceau micro-onde envoyé sur Vénus frappe sa surface et est réfléchi, puis revient vers la Terre en un temps compris entre 2 1/4 et 25 minutes selon les positions respectives de la Terre et de Vénus sur leur orbite. Du temps effectivement mis par l'écho pour revenir, la distance de Vénus à tout instant peut être déterminée avec une précision meilleure que par toutes les méthodes précédentes. L'orbite de Vénus a donc pu être tracée avec une grande exactitude.

Cet événement a bouleversé les données de la situation. Il est devenu possible de prédire exactement combien de temps un faisceau micro-onde mettra pour atteindre Vénus et revenir quand la planète se trouve en n'importe quelle position de son orbite par rapport à nous-mêmes. Même de légères différences avec la durée prévue pouvaient être déterminées sans grande incertitude.

Or ce fait est important car Vénus, à 584 jours d'intervalle, se trouve presque exactement à l'opposé de la Terre par rapport au Soleil, de sorte que la lumière qui rejoint la Terre en provenance de Vénus doit raser le bord du Soleil en chemin.

Selon la relativité générale, cette lumière devrait suivre un trajet incurvé et la position apparente de Vénus devrait être très légèrement décalée par rapport au Soleil. Mais Vénus ne peut pas être observée quand elle est si proche de l'astre, et même si elle le pouvait, le léger décalage de position serait pratiquement impossible à mesurer avec confiance.

Néanmoins, puisque la lumière suit un trajet incurvé en rasant la surface du Soleil, *elle met plus de temps à nous atteindre* que si elle avait suivi la ligne droite habituelle. Nous ne pouvons pas mesurer le temps mis par la lumière de Vénus pour nous atteindre, mais nous pouvons envoyer un faisceau micro-onde sur Vénus et attendre l'écho. Le faisceau passera près du Soleil sur son trajet aller-retour et nous pourrons mesurer le retard dans la réception de l'écho.

Si nous savons à quelle proximité le faisceau micro-onde s'approche du Soleil, nous saurons par les équations de la relativité générale de combien il devrait être retardé. Les retards effectif et théorique peuvent être comparés avec beaucoup plus de précision que dans la mesure du déplacement des étoiles pendant une éclipse totale.

Notre sonde planétaire émet ainsi des impulsions micro-ondes détectables. La distance précise de la sonde à tout instant étant connue, le temps mis par les impulsions pour atteindre la Terre peut être mesuré et comparé à la théorie, dans les deux cas de présence ou d'absence du Soleil sur le trajet. De telles mesures effectuées à partir de 1968 ont montré un accord avec la formulation d'Einstein avec un écart de moins de 0,1%.

Il semble donc faire peu de doute aujourd'hui que non seulement la relativité générale est valide mais que la « générale victorieuse » est la formulation d'Einstein. Les théories variantes ont été éliminées du champ de bataille.

Il existe aujourd'hui également des démonstrations astronomiques de la validité de la relativité générale qui font intervenir des objets dont l'existence était inconnue à l'époque où Einstein présenta pour la première fois sa théorie.

En 1963, l'astronome hollando-américain Maarten Schmidt réussit à montrer que certaines « étoiles » fortes émettrices d'ondes radio ne sont pas des étoiles de notre propre galaxie, mais des objets situés à des milliards ou plus d'années de lumière au-delà. En témoigne l'énorme décalage vers le rouge de leurs raies spectrales qui montre que ces objets s'éloignent de nous à des vitesses vertigineuses sans précédent. Cela ne peut (probablement) s'expliquer que parce que ces objets sont considérablement éloignés de nous.

Ce fait souleva une importante controverse sur la nature possible de ces objets (les « quasars »), mais sans lien avec notre propos. Ce qui est important ici est que les quasars émettent de puissants faisceaux d'onde radio. Grâce aux radiotélescopes puissants construits depuis que les quasars ont été reconnus pour ce qu'ils sont, les radio-sources à l'intérieur de ces derniers peuvent être localisées avec une précision ponctuelle beaucoup plus grande que dans le cas d'un simple objet émetteur de lumière visible.

A l'occasion, les ondes radio et la lumière d'un quasar

particulier rasent la surface du Soleil sur leur trajet jusqu'à nous. La lumière visible est masquée par la brillance prédominante du Soleil, mais les ondes radio peuvent être facilement détectées avec ou sans Soleil sans qu'il soit nécessaire d'attendre une éclipse. En outre la radio-source est si précisément localisée que le léger décalage introduit par la relativité générale peut être déterminé beaucoup plus nettement que le célèbre décalage dans la position des étoiles de l'éclipse de 1919.

Le décalage de la position des radio-sources des quasars, mesuré un certain nombre de fois pendant les quinze dernières années, s'est révélé conforme aux prédictions de la relativité générale d'Einstein avec une marge de précision inférieure à 1%. Les mesures effectuées pendant l'éclipse de 1919, aussi incertaines et chancelantes qu'elles fussent, ont été ainsi justifiées.

Les quasars sont concernés par un autre phénomène des plus spectaculaires qui conforte la relativité générale.

Supposez qu'il existe un petit objet avec un champ gravitationnel puissant entre un objet éloigné émetteur de lumière et nous-mêmes. L'objet éloigné nous envoie des ondes lumineuses qui effleurent l'objet invisible de tous côtés. De tous côtés la lumière est déplacée vers l'extérieur par l'effet relativiste, et tout se passe exactement comme si la lumière passait à travers une lentille de verre ordinaire. L'objet éloigné est agrandi; il paraît plus grand qu'il n'est en réalité. C'est une « lentille gravitationnelle », dont l'existence a été prédite par Einstein lui-même.

L'ennui est qu'il n'en existe aucun cas connu dans le ciel. Il n'y a pas, par exemple, de grande étoile lumineuse qui ait une petite naine blanche s'interposant entre elle et nous. Et même dans ce cas, comment pourrions-nous savoir si l'étoile est légèrement plus grande qu'elle devrait être en l'absence de la naine blanche? Nous ne pourrions pas retirer la naine et voir l'étoile retrouver sa taille normale...

Mais tournons-nous vers les quasars. Les quasars sont bien plus loin que les galaxies ordinaires, et les galaxies ordinaires se comptent par milliards. Il y a une chance raisonnable que l'on puisse trouver une petite galaxie interposée entre nous-mêmes et l'un des centaines de quasars actuellement connus. D'autre part, la radio-source interne au quasar (ce que nous pouvons observer avec le plus de précision) et la galaxie intermédiaire seraient toutes deux des objets irréguliers, de sorte que l'effet serait semblable à celui de la lumière passant à travers une mauvaise lentille défectueuse. Au lieu d'être simplement agrandi, le quasar pourrait être morcelé en deux ou plusieurs images séparées.

En 1979 une équipe d'astronomes américains, D. Walsh, R. F. Carswell et R. J. Weymann observent le quasar 0957 + 561 qui présente deux radio-sources séparées d'environ 6 secondes d'arc. Il semblait y avoir deux quasars de même brillance et de même distance par rapport à nous. En outre, leur spectre semblait être identique. Ces astronomes suggérèrent que ce qu'ils observaient était en fait un quasar unique fragmenté en deux images par le biais d'un effet de lentille gravitationnelle.

Le voisinage du quasar fut examiné très soigneusement en quête de toute trace de galaxie entre ce dernier et nous-mêmes; en 1980 il fut découvert un amas de galaxies obscures à un tiers de la distance du quasar et juste devant lui. Les conditions semblaient tout à fait réunies pour produire une lentille gravitationnelle, et depuis d'autres cas possibles ont été découverts : une nouvelle victoire pour la relativité générale.

Mais la démonstration la plus importante et la plus spectaculaire de la relativité générale reste à venir.

Einstein a prédit l'existence d'ondes gravitationnelles analogues aux ondes lumineuses. Les masses en accélération devraient émettre des ondes de gravitation, tout comme les champs électromagnétiques en oscillation émettent du rayonnement. Aussi chaque planète qui circule autour du Soleil change continuellement de direction au cours de son mouvement et se trouve donc en accélération continuelle. Elle devrait émettre des ondes gravitationnelles et perdre de l'énergie en conséquence, se rapprochant du Soleil pour finir par s'y écraser. C'est ce qui se passe pour la Terre, par exemple, mais la perte d'énergie est si faible qu'il est sans espoir de déceler l'effet.

Il fallait pour cela des champs gravitationnels plus intenses et des accélérations extrêmes. Rien même approchant les conditions nécessaires ne fut connu avant 1974.

Cette année-là les astronomes américains Russel A. Hulse et Joseph H. Taylor, Jr, découvrent un pulsar aujourd'hui dénommé PSR 1913 +16. Il émet des impulsions d'onde radio à intervalles moyens de 0,05902999527 seconde, soit de l'ordre de 17 impulsions par seconde. L'intervalle entre deux impulsions s'accroît et diminue légèrement de manière régulière avec une période de 7,752 heures.

Cela implique qu'il se rapproche et s'éloigne alternativement de nous; la meilleure explication de ce phénomène est de supposer qu'il tourne autour de quelque chose. De la taille de son orbite et du fait que l'objet qu'il encercle est invisible, les astronomes ont déduit qu'ils avaient affaire à un pulsar double.

Ce n'est pas une première. D'autres pulsars doubles ont été localisés. Ce qui est toutefois inhabituel c'est la proximité mutuelle des deux pulsars de ce système. Ils fusent l'un autour de l'autre à des vitesses proches de 300 kilomètres par seconde. Cela, combiné avec la petitesse de l'orbite et l'intensité de leurs champs gravitationnels, signifie que les effets de relativité générale devraient être énormes.

Par exemple, le point de plus grande proximité des deux pulsars sur leur orbite (le périastre) devrait se déplacer tout comme le périhélie de Mercure, mais plus d'un million et demi de fois plus vite. Cette avance a été relevée avec assez de précision à la valeur appropriée de 4,226 degrés par an.

Bien plus important, le pulsar double devrait délivrer un flux d'ondes gravitationnelles en quantité suffisante pour raccourcir la période de révolution de manière perceptible.

La diminution devrait être seulement de dix millioniemes

de seconde par période orbitale. Cependant l'écart s'accumule quand on l'observe sur un nombre croissant de périodes, et il n'y a maintenant plus de doute que les pulsars du système raccourcissent leur orbite et se rapprochent l'un de l'autre; en moins de dix milliers d'années, ils devraient s'écraser l'un sur l'autre.

C'est une forte évidence en faveur de l'existence des ondes gravitationnelles prédites par la relativité générale d'Einstein.

Et voilà toute l'histoire. Toutes les mesures appropriées effectuées depuis une soixantaine d'années ont confirmé la théorie d'Einstein. Aucune mesure n'a réussi à lui porter une ombre sérieuse.

Je regrette qu'Einstein n'ait pas vécu assez longtemps pour assister au moins à une des victoires qui se sont succédé depuis 1960. Mais ça n'a vraiment pas d'importance. Il a toujours été absolument sûr de la validité de sa théorie. On raconte qu'après l'éclipse de 1919 quelqu'un lui a demandé ce qu'il aurait pensé si les mesures du déplacement des étoiles n'avaient pas confirmé ses vues. Il est supposé avoir répondu qu'il aurait été désolé que Dieu eût commis l'erreur de construire l'univers sur de mauvais principes...

Astronomie

5

DU NOUVEAU CHEZ LES SATELLITES

En vieillissant, on récolte toute sorte de réputations. Une des plus flatteuses qui m'ait été attribuée est celle de « personne agréable ».

C'est une réputation assez plaisante à vivre : les gens me sourient, me serrent vigoureusement la main, me tapent sur l'épaule et leurs yeux brillent de plaisir à ma rencontre. De superbes jeunes femmes sont même susceptibles de me demander la permission de m'embrasser *.

Il est néanmoins quelquefois un peu ennuyeux d'avoir des éditeurs qui protègent leur bien en m'empêchant de grogner, jurer et grincer des dents quand j'en ai un besoin urgent.

Prenons mon livre *Saturn and Beyond* **. (Lothrop, Lee and Shepard, 1979). A l'époque où je l'ai écrit, Pluton n'avait pas de satellite connu. Au moment où les épreuves me sont revenues un satellite avait juste été découvert ; j'ajoutai scrupuleusement deux paragraphes afin d'insérer cette récente découverte dans les pages du livre à sortir.

Quelque temps après la publication du livre, je lus une critique qui me fustigeait sans merci de ne pas avoir inclus le satellite. Le ton de l'article était des plus insultants.

* Je ne leur refuse jamais. Ce serait grossier!

** Saturne et au-delà.

Mon éditrice fit sa petite enquête et il s'avéra que l'auteur de la critique avait eu entre les mains des épreuves distinctement marquées « non corrigées », et avait été trop stupide pour comprendre qu'une des fonctions de ces épreuves est de donner à l'auteur l'occasion d'insérer des mises à jour.

L'éditrice n'a pas voulu que j'écrive directement au critique pour telles et telles raisons. (Peut-être se doutait-elle de la nature de mon éloquence). Elle me suggéra de lui transmettre la lettre et de la faire suivre ensuite au critique.

Je tombai d'accord et j'improvisai promptement une lettre expliquant la situation en détail. Je commençai par un court essai cicéronien sur le thème de la « stupidité » ; puis je continuai par une discussion sur les symptômes et les conséquences de la « sénilité ». Enfin, je conclus par quelques plaisantes suggestions quant à ce que l'intéressé pouvait faire avec différentes parties de son anatomie.

Malheureusement (je suis sûr que vous en conviendrez) mon éditrice refusa de la transmettre, mais envoya une lettre fadasse de son cru qui laissait le critique tout à fait indemne.

Son excuse était que ma lettre ne projetait pas convenablement mon image de « personne agréable ». Elle fit la sourde oreille à mon explication emportée en laquelle je lui suggérai que je ne me sentais pas du tout une personne agréable, mais que j'avais envie d'étriper cet enfant de père inconnu.

Mais oublions cela... mes livres finissent vraiment par devenir dépassés avec le temps, et une des raisons pour lesquelles *Saturn and Beyond* est devenu démodé - ainsi que son petit frère précédent, *Jupiter, the Largest Planet* * (Lothrop, 1973) – provient précisément des satellites du système solaire. Voici l'occasion pour moi de mettre ces question à jour.

Si nous partons du Soleil en se dirigeant vers l'extérieur, il apparaît que ni Mercure ni Vénus ont de satellite, pour

* Jupiter, la plus grande planète.

autant que nous sachions ; et il semble tout à fait certain qu'il n'en sera jamais découvert aucun de taille significative.

La Terre a un satellite, la Lune, et il semble également certain qu'il n'en existe pas d'autre (d'origine naturelle) de taille conséquente. La Lune est toutefois un grand satellite ; un des sept du système solaire qui possèdent des diamètres de plus de 3 000 kilomètres. Il est très peu probable (sauf découverte éventuelle d'un géant gazeux au-delà de l'orbite de Pluton) qu'il reste de grands satellites à découvrir. Depuis un siècle un tiers, un seul nouveau satellite de plus de 200 kilomètres de diamètre a été découvert.

Mars a deux satellites minuscules connus depuis un siècle, qui ont récemment été photographiés en détails.

Cela nous conduit à Jupiter. La planète a quatre grands satellites, parfois appelés les « satellites galiléens » parce que Galilée les a découverts en 1610. L'un d'entre eux, Ganymède, est le plus grand du système solaire avec un volume près de 3 fois celui de la Lune.

En plus, des satellites galiléens, Jupiter a un certain nombre de petits satellites, et c'est là que commence la mise à jour.

En 1973, quand mon livre *Jupiter* a été publié, on connaissait huit petits satellites joviens. (J'ai envie de les appeler « satellettes » mais je résisterai à cette impulsion.) Les satellites joviens sont souvent numérotés dans l'ordre de leur découverte ; avec les galiléens de J-I à J-IV et les plus petits de J-V à J-XII (en 1973). Avec « J » pour Jupiter, comme vous l'avez déjà deviné.

Dans *Jupiter*, j'ai donné aux petits satellites des noms tirés de la mythologie. Ces noms n'étaient pas officiels à l'époque, mais j'ai supposé qu'ils le deviendraient. J'avais tort. Un seul parmi les huit a été conservé, et je dois donc commencer ma mise à jour en vous donnant les noms officiels des huit petits satellites avec l'année de leur découverte :

J-V	Amalthée	1892
J-VI	Himalia	1904
J-VII	Elara	1905
J-VIII	Pasiphae	1908
J-IX	Sinope	1914
J-X	Lysithea	1938
J-XI	Carme	1938
J-XII	Ananke	1951

Les noms des corps célestes du système solaire sont traditionnellement tirés de la mythologie grecque et ceux-là ne font pas exception.

Amalthée (le seul nom que j'ai auparavant utilisé qui ait été conservé et finalement officialisé) est une des nymphes qui a nourri Zeus enfant (Jupiter pour les Romains) de lait de chèvre quand il était caché en Crète pour le protéger des tendances cannibales de son père Cronos (Saturne). Parfois le nom est attribué à la chèvre qui fournissait du lait. Dans les deux cas il est approprié à ce satellite, le plus proche des satellites joviens connus à l'époque de sa découverte.

Quand Zeus arriva à maturité, soit dit en passant, il donna la corne de la chèvre à la nymphe en récompense, en lui disant que quoi qu'elle désirât elle n'avait qu'à chercher dans la corne pour le trouver (d'où l'origine de la corne d'abondance).

Elara est une mortelle qui tapa dans l'œil de Zeus, jamais en reste pour l'amour. Il la cacha dans le sous-sol pour la protéger de la jalouse Héra (Junon), qui ne s'est jamais habituée aux propensions amoureuses de son mari tout-puissant, et qui se vengeait en persécutant quiconque semblait avoir ses faveurs.

Selon certains récits Elara serait la mère de Tityos, un monstre immense né de la Terre (n'oublions pas qu'Elara était dans le sous-sol) tué par les flèches d'Apollon et qui, une fois étendu dans le Tartare, ne couvrait pas moins de neuf arpents de terrain.

Pasiphae est une belle-fille de Zeus, mariée à son fils le roi

Minos de Crête. Pasiphae est bien connue pour être tombée violemment amoureuse d'un taureau de grande beauté (tous les goûts sont dans la nature). Elle fit construire une carcasse de bois sur laquelle était étendue une dépouille de génisse. Pasiphae s'y introduisit et bientôt le taureau monta obligeamment la carcasse. Peu après elle accoucha d'un enfant avec une tête de taureau qui devint le célèbre Minotaure.

Sinope est une autre jeune dame qui subit les avances de l'insatiable Zeus. Il lui offrit tout ce qu'elle voulait en échange de sa soumission et elle demanda la virginité perpétuelle (quand je vous dis que tous les goûts sont dans la nature).

Carme est encore une bénéficiaire des ardeurs zeussiennes, et mère de Britomartis, déesse crétoise patronne de la pêche et de la chasse.

Ananke est différente des autres. Elle est la personnification divine du Destin ou de la Nécessité, la trame ordonnée des événements que même les dieux ne peuvent altérer. Ananke est donc la seule divinité supérieure à Zeus.

Himalia et Lysithea sont des personnages assez obscurs, que je n'ai pu dépister que par la gentillesse de plusieurs de mes lecteurs (les astronomes sont soit exceptionnellement cultivés sur la mythologie soit assez acharnés pour fouiller dans de volumineux recueils).

En tout cas, Himalia est une nymphe de Rhodes qui a présidé à de riches moissons et a donné à ce bon vieux Zeus une autre riche récolte : trois fils.

Lysithea est une nymphe qui dans certains mythes est identifiée comme étant la mère de Dionysos, dieu du vin dont la mère habituellement reconnue est Sémélé.

Les huit petits satellites joviens ont été découverts dans l'ordre de leur brillance décroissante, comme la logique le voudrait. Puisqu'ils sont tous à la même distance de la Terre et ont probablement un albedo similaire (pouvoir de réflexion de la lumière), ils ont été découverts dans l'ordre de leur taille décroissante. Ainsi, Amalthée et Himalia ont des diamètres d'environ 170 kilomètres tandis qu'Ananke, un diamètre proche de 20 kilomètres.

Mais même le plus grand est relativement minuscule. Tous les huits satellites réunis sont équivalents à seulement 1/3 000ᵉ du volume d'Europe, le plus petit des galiléens, ou 1/32 000ᵉ du volume des quatre galiléens réunis.

Quatre des petits satellites sont groupés ensemble à une distance particulièrement éloignée de Jupiter. Ce sont Pasiphae, Sinope, Carme et Ananke, à des distances moyennes de Jupiter comprises entre 20 700 000 kilomètres pour Ananke, le plus proche, et 23 370 000 kilomètres pour Sinope, le plus éloigné.

Ces satellites sont très probablement des astéroïdes capturés d'addition récente à la famille jovienne. Ils n'ont pas encore eu le temps de régulariser leur orbite vers la forme circulaire et de se déplacer vers le plan équatorial de Jupiter ; tout particulièrement parce qu'à leur distance l'influence gravitationnelle de Jupiter est relativement affaiblie. Les orbites de ces satellites sont donc fortement inclinées et elliptiques, et le regroupement est loin d'être aussi serré qu'il serait si tous avaient des orbites circulaires et tournaient dans le plan équatorial de Jupiter.

L'orbite la plus excentrique est celle de Pasiphae, ce qui s'accorde assez bien avec les tendances sexuelles excentriques de son prototype mythologique. Pasiphae s'éloigne à une distance de 33 200 000 kilomètres de Jupiter à un bout de son orbite. C'est la distance la plus éloignée connue entre un satellite et sa planète. C'est en gros 85 fois la distance de la Terre à la Lune, par exemple.

La période de révolution de ces satellites est longue, bien plus de 600 jours dans chacun des cas. La plus longue période est celle de Sinope, comme on pourrait s'y attendre puisqu'il est le plus éloigné de Jupiter en moyenne ; il effectue un tour en 758 jours, soit 2,08 ans. C'est près de 28 fois le temps mis par la Lune pour tourner autour de la Terre, et 1,1 fois le temps mis par Mars pour tourner autour du Soleil.

Des petits satellites restants, trois sont groupés à plus grande proximité de Jupiter. Himalia, Lysithea et Elara sont à des distances moyennes de Jupiter comprises entre 11 000 000 et 12 000 000 kilomètres.

Il y a chevauchement, cependant : Elara a une orbite assez excentrique pour fuir jusqu'à 14 300 000 kilomètres de Jupiter, tandis que Pasiphae n'est qu'à 13 800 000 kilomètres de la planète mère au bout de son orbite.

Ces sept satellites sont tous bien plus distants de Jupiter que les satellites galiléens. Elara est celui qui s'en approche le plus, à 9 300 000 kilomètres de distance au periastre. C'est cependant cinq fois plus que la distance Jupiter-Callisto, le plus éloigné des galiléens, en tout point de son orbite.

Le huitième petit satellite, Amalthée, diffère de tous les autres en ce qu'il est *plus proche* de Jupiter que n'importe lequel des galiléens. Il gravite à une distance de seulement 180 000 kilomètres du centre de Jupiter. Ce n'est pas tout à fait la moitié de la distance d'Io, le plus proche des galiléens, et pas tout à fait la moitié de la distance Terre-Lune.

Sous l'effet de l'énorme champ gravitationnel au voisinage de Jupiter, Amalthée fuse autour de la planète en 11,95 heures, soit moins de 1/50e du temps mis par la Lune pour tourner autour de la Terre.

A l'époque où j'ai écrit *Jupiter,* Amalthée avait la seconde période la plus courte de tous les satellites connus. Amalthée n'était battu que par Phobos, le plus proche des deux satellites de Mars. Il tourne autour de Mars en 7,65 heures, soit 5/8 seulement de la période d'Amalthée. La révolution de Phobos est en fait beaucoup plus rapide que la rotation de Mars autour de son axe ; de sorte que Phobos devance constamment la surface martienne, se levant à l'Ouest et se couchant à l'Est. Puisque Jupiter tourne autour de lui-même étonnamment vite en 9,92 heures, Amalthée ne devance pas la surface jovienne mais se lève à l'Est et dérive assez lentement vers l'Ouest.

Phobos, cependant, qui gravite autour d'un Mars minuscule, a une orbite bien plus étriquée qu'Amalthée, qui doit venir à bout du globe joufflu de l'imposant Jupiter. L'orbite d'Amalthée est près de vingt fois plus longue que celle de Phobos. Phobos se déplace donc sur son orbite martienne à une vitesse de 2,14 km/s tandis que Amalthée file autour de

Jupiter à une vitesse de 26,3 km/s (par comparaison, la Lune se déplace autour de la Terre à une vitesse moyenne de l'ordre de 1 km/s seulement).

Mais après la publication de *Jupiter* en 1973, un treizième satellite jovien fut découvert en 1974 sur la base d'observations terrestres. Il faisait partie du groupe de Himalia, le groupe de petits satellites le plus proche au-delà des satellites galiléens. Cela portait la population de ce groupe de trois à quatre.

La raison pour laquelle ce satellite n'a pas été découvert plus tôt provient de ce qu'il est, jusqu'à aujourd'hui, le plus petit d'entre tous. Avec ses 10 kilomètres d'envergure, il demeure en effet le plus petit satellite connu.

Il a été nommé Léda, du nom de la reine de Sparte courtisée par Zeus dans la mythologie. Le dieu prit la forme d'un cygne pour aboutir à ses fins, donnant ainsi l'occasion à de nombreuses représentations artistiques de la bestialité. Par suite Léda pondit deux oeufs d'où il émergea deux bébés. Le plus célèbre d'entre eux devint Hélène de Troie.

Enfin vint l'ère des sondes spatiales et, en 1979, trois nouveaux satellites joviens furent découverts, tous plus proches de Jupiter que les satellites galiléens. Cela donne une symétrie assez surprenante. Il y a maintenant 16 satellites joviens : 4 petits plus proches de Jupiter que les galiléens; les 4 gros galiléens; 4 petits extérieurs aux galiléens et 4 autres plus petits encore plus éloignés. Il en sera sans doute découvert d'autres qui viendront briser la symétrie, et je trouverai cela dommage, parce que j'aime la symétrie.

Les trois satellites découverts récemment, Adrastéia, Thèbe et Mêtis *, ont des diamètres estimés respectivement à 25,

* Adrastéia est le nom d'une nymphe qui prit soin de Zeus enfant avec Amalthée. Thèbe est une autre nymphe fille d'une divinité-rivière; comme vous auriez pu le deviner, Zeus la vit une fois et il s'ensuivit l'inévitable. Mêtis est la plus intéressante des trois, car c'était une Titanide, de la première génération des divinités, qui, d'après son nom, personnifiait la sagesse. Elle est considérée comme la première femme de Zeus, mais ce dernier craignit qu'elle ne lui donnât un fils capable de le détrôner, comme il avait lui-même déposé son propre père Cronos. Zeus avala donc Mêtis, qui par la suite lui porta ses conseils de son estomac (une façon comme une autre de

80, et 40 kilomètres, et on pourrait se demander pourquoi il a fallu si longtemps pour les découvrir alors que Lysithea, avec son diamètre de 20 km seulement, est connu depuis déjà 1938.

La réponse est que ces satellites tout proche sont noyés dans la lumière du géant Jupiter et ne peuvent être vus sauf par une sonde sur place. Amalthée, le seul satellite contigu détecté de la Terre, est bien plus grand que les autres avec ses 170 km d'envergure ; il a été discerné en 1892 par un astronome dont l'acuité visuelle est restée presque légendaire.

Le plus proche de tous les satellites de Jupiter (dans l'état actuel des connaissances) est Mêtis, à 128 000 km seulement du centre de la planète, talonné en second par Adrastéia à 129 000 km. La période de révolution de Mêtis est de 7,13 heures. Ils ont volé le record à Phobos puisqu'ils négocient leur course autour de leur planète en une demi-heure de moins que ce dernier.

La vitesse orbitale de ces deux satellites joviens les plus internes s'élève à 31,6 km par seconde, et tous deux devancent la rotation de Jupiter. Si l'on pouvait voir ces satellites de la surface jovienne nuageuse ils sembleraient comme Phobos, se lever à l'ouest et se coucher à l'est.

Tournons-nous maintenant vers Saturne. Pendant les sept premières décades du vingtième siècle on a cru qu'il avait neuf satellites. Un d'entre eux, le sixième en comptant à partir de la planète, est un grand satellite nommé Titan (il vient en seconde position pour le volume après Ganymède, et il est encore plus remarquable par le fait qu'il est le seul satellite connu pour posséder une atmosphère, dont l'épaisseur est plus importante que celle de la Terre, de surcroît). Titan a près de dix fois le volume de tous les autres satellites de Saturne réunis.

Les autres satellites saturniens, bien que considérablement plus petits que Titan, sont tous beaucoup plus grands que

recevoir une éducation). Neuf mois plus tard Athéna jaillit de la tête de Jupiter, armée jusqu'au dents et poussant son cri de guerre.

n'importe lequel des petits satellites joviens. Rhéa, par exemple, a un diamètre de 1 530 km, et Japet de 1 460 km. Le plus petit des satellites saturniens est Phoebé, également le plus éloigné, et, sans surprise vu sa taille, découvert en dernier. Il a un diamètres de l'ordre de 220 km et a été remarqué pour la première fois en 1898.

Pourquoi Saturne est-il dépourvu de ces satellites réellement petits qui abondent autour de Jupiter? L'explication évidente est que Saturne est deux fois plus loin de nous que Jupiter, et que les petits satellites sont donc plus difficiles à voir sous ce rapport. Ils existent, probablement, mais restent indétectés.

En 1967 un petit satellite saturnien fut signalé et baptisé Janus ; ce que j'ai raconté dans un livre précédent, *The solar system and back*. Hélas, on s'est aperçu que c'était une erreur que je m'empresserai de corriger dans l'essai ci-présent : annulez Janus!

Néanmoins, en 1980, des sondes qui photographiaient Saturne de près ont localisé pas moins de huit nouveaux satellites saturniens, chacun d'entre eux plus petit que Phoebé. Le plus grand des huit a légèrement moins de 200 km de diamètre tandis que le plus petit n'a que 15 km d'envergure moyenne. Aucun des huit n'a encore reçu de nom.

Cinq de ces nouveaux satellites sont plus près de Saturne que Mimas (le plus proche des satellites établis de longue date, découvert en 1789, de 390 km de diamètre environ).

Le plus rapproché de ces satellites n'est seulement qu'à 137 000 km du centre de Saturne (pas tout à fait aussi proche que le satellite jovien le plus rapproché). Il fait le tour de Saturne en 14,43 heures. C'est deux fois la période du satellite jovien le plus rapproché ; mais Saturne, plus petit que Jupiter, a un champ de gravitation moins intense.

Des cinq satellites saturniens les plus rapprochés, les deux plus extérieurs ont une propriété des plus étonnantes et, en fait, jusqu'ici sans précédent. Il sont co-orbitaux : c'est-à-dire qu'ils partagent la même orbite, chacun poursuivant indéfiniment l'autre autour de Saturne. Ils sont à une distance de 151 000 km de la planète et effectuent une révolution en une période de 16,68 heures. Ce sont ces deux satellites pris pour un même corps céleste qui ont probablement été rapportés pour Janus en 1967.

Les trois nouveaux satellites restants, découverts à l'intérieur du système des neufs anciens, participent à d'autres situations sans précédent.

Le vieux satellite Dioné, repéré pour la première fois en 1684, s'est découvert un compagnon co-orbital minuscule insoupçonné. Alors que Dioné a un diamètre de 1 120 km, son compagnon (qu'il serait logique d'appeler Dioné-B) n'a qu'un diamètre d'environ 30 km. Dioné-B gravite autour de Saturne en un point situé à 60 degrés devant Dioné, de sorte que Saturne, Dioné et Dioné-B sont aux sommets d'un triangle équilatéral. C'est une « situation troyenne ».

Jusqu'en 1980, le seul exemple connu de situation troyenne faisait intervenir le Soleil, Jupiter et certains astéroïdes co-orbitaux avec Jupiter. Certains de ces astéroïdes circulent autour du Soleil à 60 degrés devant Jupiter, dans la position L-4; et d'autres, à 60 degrés derrière Jupiter, dans la position L-5.

Dioné-B est dans la position L-4 par rapport à Jupiter.

Encore plus étonnant est le cas de Téthys, découvert la même année que Dioné, avec 1 060 km de diamètre. Les deux satellites restants récemment découverts, chacun de 25 km d'envergure, sont tous deux co-orbitaux avec Téthys. L'un, Téthys-B, est dans la position L-4 par rapport à ce dernier ; l'autre, Téthys-C, est dans la position L-5.

Il apparaît clairement que la famille des satellites de Saturne est la plus riche et la plus complexe que nous connaissons actuellement dans le système solaire. Cela est probablement lié au phénomène qui donne à Saturne les anneaux les plus spectaculaires du système solaire.

Aucun nouveau satellite n'a été découvert pour Uranus et Neptune dans le dernier tiers de siècle (ces planètes n'ont pas encore été sondées) bien que les anneaux d'Uranus aient été récemment décelés.

Uranus a cinq satellites. Quatre sont connus depuis plus d'un siècle et leur diamètre est compris entre 1 000 et 2 000 km. Le cinquième est Miranda, plus rapproché et plus petit que les autres. Il a été détecté pour la première fois en 1948; il possède un diamètre de 300 km environ et circule autour d'Uranus à une distance de quelque 130 000 km.

Neptune a deux satellites. Le plus grand, Triton, de diamètre d'environ 4 400 km, est plus grand que notre Lune. Il a été détecté quelques semaines plus tard après la découverte de Neptune lui-même.

Le deuxième satellite de Neptune, Néréide, a été découvert en 1949 et a un diamètre de 300 km. Néréide est remarquable pour son orbite la plus excentrique de tous les satellites. A un bout de son orbite il s'approche de la planète à près de 1 390 000 km puis il s'éloigne à l'autre bout jusqu'à une distance de 9 734 000 km.

D'autre part le dernier chiffre que j'ai pu trouver sur la période orbitale de Néréide s'élève à 365,21 jours, soit 0,9999 an.

Imaginez ce qui aurait pu se passer si Neptune et Néréide avaient été visibles à l'œil nu et que les hommes avaient pu observer le dernier circuler autour du premier. Il n'aurait pas fallu longtemps même aux hommes préhistoriques pour comprendre que Néréide marquait le cycle des saisons avec grande précision.

Nous nous serions retrouvés avec un magnifique calendrier neptunien, complété par des années bissextiles, bien avant le Néolithique, Dieu seul sait comment cela aurait stimulé les mathématiques, la science et la technologie, et où nous en serions aujourd'hui.

Si un tel événement s'était produit, l'existence de Néréide aurait été considérée comme un bel exemple de la divine providence, et les scientifiques auraient été bien mal en peine d'affirmer : « oh, c'est juste une coïncidence ». Cependant, puisque la divine providence s'est arrangée pour maintenir cette coïncidence dans l'obscurité jusqu'à nos générations, la question ne s'est pas posée.

Assez étrangement, la découverte de satellite la plus étonnante n'a rien à voir avec les sondes. Elle a été faite de la surface terrestre. Le 22 juin 1978, il a été trouvé que Pluton, la plus éloignée des planètes, possédait un satellite, baptisé Charon, du nom du passeur qui faisait traverser le Styx aux ombres des morts vers le royaume de Pluton.

Le satellite s'est révélé étonnamment grand ; son diamètre est évalué à 1 300 km.

Le diamètre de Pluton lui-même a été matière à discussion depuis que la planète a été découverte en 1930. Avant sa découverte on supposait qu'une autre planète supérieure ne pourrait être qu'une géante gazeuse comme celles déjà connues. Une fois détecté, on trouva Pluton d'une obscurité surprenante, de sorte qu'il dût être plus petit que ce qu'on attendait. Sa taille rétrécissait à chaque nouvelle estimation. Il commença par ne pas paraître plus grand que la Terre, puis pas plus grand que Mars.

Quand Charon fut découvert, la masse totale de Pluton et de Charon put être calculée à partir de la période de révolution et de la distance qui les sépare. En comparant leur brillance relative, on put déterminer leur masse respective et, en supposant la densité égale à celle de la glace, estimer le diamètre . Il s'avéra que Pluton a un diamètre d'environ 3 000 km et est donc juste un peu plus petit qu'Europe, le plus grand des satellites.

Maintenant, éclairons le sujet sous un autre angle.

Chaque planète est plus volumineuse que tous ses satellites réunis. Mercure et Vénus sont infiniment plus volumineux que leur satellite puisqu'ils n'en ont pas ; Mars est 15 000 000 fois plus volumineux que ses deux satellites réunis ; Jupiter et Saturne sont respectivement 8 500 et 8 800 fois plus volumineux que leur système de satellites.

Uranus fait un peu mieux, n'ayant pas de grand satellite,

avec 10 000 fois le volume de son système de satellites ; Neptune, avec un grand satellite, et étant lui-même le plus petit des quatre géants gazeux, fait pire avec son volume 1 350 fois plus grand seulement.

Nous pourrions conclure de ces données sur sept des neuf planètes qu'il existe une loi cosmique selon laquelle toute planète doit être au moins 1 000 fois plus volumineuse que tous ses satellites réunis.

Mais nous en arrivons à la Terre et, tenez vous bien... la terre n'est que 50 fois plus volumineuse que la Lune!

Les terriens sont à juste titre fiers de cette situation ; la possession d'un aussi grand satellite a été très utile, si l'on considère combien il a contribué au progrès intellectuel de l'espèce humaine. Nous pouvons nous considérer comme ce qui approche le plus près d'une planète double dans le système solaire, et j'ai même écrit naguère un livre sur le système Terre-Lune intitulé *La planète double* *.

Eh bien, je suis dans l'obligation de corriger le titre même du livre, car Pluton n'est que *douze* fois plus volumineux que son satellite, et Pluton-Charon est beaucoup plus proche d'une planète double que le système Terre-Lune.

Quel dommage!

*(*The Double Planet,* Abelard-Schuman, 1960).

6

LE BRAS DU GÉANT

En plus d'être un écrivain prolifique, je suis un orateur prolifique, avec une bonne moyenne d'un discours par semaine ces temps derniers. Il y a cependant une grande différence entre mes deux carrières : alors qu'il existe des critiques littéraires professionnels, il n'y a pas de critiques oratoires professionnels.

Et je ne m'en plains pas, croyez-moi. Avec tous les autres écrivains de ma connaissance (vivants ou morts), je partage une opinion assez peu flatteuse sur les critiques professionnels, et je réclame un renouvellement de l'espèce. En ce qui concerne mes discours, je suis ravi d'accepter les applaudissements et les ovations pour argent comptant. Je suis heureux de voir des gens s'approcher pour me dire des choses agréables et (meilleur signe entre tous) content de voir la personne qui m'a persuadé de venir me tendre la main avec un grand sourire après l'audition.

Je n'ai pas besoin en supplément de quelqu'un qui gagne sa vie en expliquant là où je n'ai pas répondu à l'attente du public – et ce genre de chose arrive parfois malgré tout. (Ou, comme l'a dit un philosophe méconnu, « on ne peut pas plaire à tout le monde ».)

On m'a demandé il y a quelques semaines de donner une causerie en soirée à l'occasion d'un congrès de l'Association Psychiatrique Américaine. Quand je demandai de quoi je pourrai bien parler devant une assemblée d'un millier de psychiatres, compte tenu de mon ignorance totale dans ce domaine, on m'a répondu chaleureusement : « De tout ce que vous voulez. »

J'ai donc parlé des robots, de leurs effets sur la société, et du futur de la robotique. J'ai introduit le sujet en leur racontant sur un ton humoristique comment j'avais écrit mes histoires de robots et je leur ai cité les trois Lois de la Robotique; comme d'habitude, j'étais assez sûr de moi et outrecuidant.

La causerie montrait tous les signes d'être un grand succès et j'étais satisfait. Cependant, ma chère femme Janet (psychiatre de métier) s'était installé dans la dernière rangée par discrétion, et elle semblait un peu déprimée. Je m'en aperçus et lui demandai ce qui n'allait pas.

Après que j'eus commencé mon discours depuis un moment (me dit-elle) une femme assise à côté d'elle s'était mise à parler à haute voix à sa voisine. Janet attira son attention et lui demanda très poliment de baisser la voix.

Ce à quoi la femme lui répondit avec mépris : « Pourquoi, ne me dites pas que vous le trouvez intéressant? Ce ne sont que des absurdités narcissiques. »

Naturellement j'éclatai de rire et dis à Janet d'oublier cela. Je n'ai jamais eu la prétention de plaire à tout le monde.

Enfin, je ne sais pas si la femme était psychiatre ou était rentré là par hasard, mais elle n'utilisait certainement pas le terme « narcissique » dans son sens psychiatrique. Elle l'utilisait dans son sens usuel, quotidien, de « anormalement intéressé par soi-même au mépris des autres », et saisir le fait que je suis narcissique dans ce sens n'est pas une grande découverte.

En fait, presque tout le monde est narcissique dans ce sens, habituellement avec beaucoup moins d'excuses que je peux en fournir. Par exemple, cette personne a été désagréablement narcissique en exprimant à dessein son déplaisir de manière à déranger les autres, qui, il est concevable, auraient pu être intéressés par mes propos.

Il n'est même point nécessaire de se restreindre aux individus. L'espèce humaine est dans son ensemble incroyablement narcissique et tend à se considérer comme la raison fondamentale de l'existence de l'univers. Son intérêt pour toute autre chose qu'elle-même se limite presque entièrement aux objets qui la bousculent de près, et en proportion directe de la force de la bousculade.

Par exemple, on estime à 10^{22} le nombre d'étoiles dans l'univers connu et pourtant l'humanité fixe généralement son attention sur une seule d'entre elles (le Soleil) à l'exclusion des autres, juste parce qu'elle se trouve la plus proche de nous.

Simplement pour vous montrer ce que je veux dire, vous m'accorderez sans hésiter que le Soleil est de loin l'étoile de dimension apparente la plus grande. Après tout, c'est la seule étoile qui apparaisse sous la forme d'un disque plutôt que d'un point lumineux. Très bien, mais, qu'elle est la *deuxième* plus grande étoile en dimension apparente? Combien de personnes le savent? ou même s'en soucient?

Pour décourager le narcissisme, donc, j'aborderai maintenant la question de la deuxième plus grande étoile en dimension apparente.

La constellation d'Orion est généralement considérée comme la plus belle de notre ciel d'hiver pour sa dimension, sa forme et sa richesse en étoiles brillantes. Le nom de la constellation remonte aux Grecs, qui avaient développé un certains nombres de mythes à propos d'un géant chasseur nommé Orion. Il fut aimé par Artémis, la déesse de la chasse, mais elle fut manipulée par son frère Apollon qui l'amena à le tuer. Dans le chagrin et la contrition, elle le porta au ciel sous forme de constellation.

Le géant chasseur est habituellement représenté dans le ciel en train de tenir un bouclier de son bras gauche pour parer la charge du Taureau, tandis que son bras droit tient une massue prête à s'abattre sur l'animal furieux. Une étoile brillante marque chacun de ses bras; plus bas, deux étoiles brillantes marquent ses jambes. Entre les deux une ligne horizontale de trois étoiles indique sa ceinture.

La plus brillante des étoiles d'Orion scintille dans son bras gauche d'une couleur distinctement rouge. Son nom astronomique est Alpha Orionis.

Pendant le Haut-Moyen Âge les Arabes triomphants prirent le relais de la science grecque; ils perpétuèrent la représentation du ciel des Grecs et virent eux aussi la constellation d'Orion sous la forme d'un géant chasseur. Les Arabes avaient l'habitude judicieuse de dénommer les étoiles d'après leur position dans une constellation; c'est ainsi qu'ils dénommèrent Alpha Orionis *yad al-yawza*, ce qui signifie « bras du géant ». Pour une raison obscure, un traducteur européen translitéra les caractères arabes en *bayt al-yazwa* (« la maison du géant », ce qui n'a aucun sens), et elle fut ensuite orthographiée en Latin « Bételgeuse », nom qui lui est resté jusqu'à nos jours.

Eh bien, il se trouve que Bételgeuse est l'étoile la plus connue en détail après notre Soleil.

Pourquoi donc?

Considérez (toutes choses égales) qu'une étoile toute proche est plus susceptible d'être comprise en détail qu'une étoile éloignée; tout comme la surface de la Lune a été connue en détail bien avant celle de Mars.

De même pour une grande étoile par rapport à une petite; tout comme la surface de Jupiter a été, jusqu'à une époque très récente, connue de manière plus détaillée que le minuscule et bien plus proche Phobos.

Si nous voulions connaître les détails d'une étoile autre que notre Soleil, nous ferions donc bien d'en choisir une à la fois grande et proche.

Bételgeuse n'est pas une étoile vraiment proche; il est possible qu'il y en ait quelque 2 500 000 plus proches de nous. Encore que, si l'on considère le nombre possible de 300 000 000 000 d'étoiles dans la totalité de notre galaxie, il y a 120 000 fois plus d'étoiles plus lointaines que Bételgeuse que d'étoiles plus proches. On peut donc dire sans exagérer que Bételgeuse fait partie de notre voisinage stellaire.

D'un autre côté, nous pouvons conclure que Bételgeuse est exceptionnellement grande en la regardant simplement à l'œil nu. Cela peut paraître étrange, puisque toutes les étoiles apparaissent comme des points lumineux non seulement à l'œil nu mais à travers les plus puissants téléscopes. Comment donc pouvons-nous alors dire qu'un point lumineux est plus grand qu'un autre point juste en le regardant sans instruments?

La réponse est que les étoiles rouges sont rouges parce que leur surface est relativement froide. Puisque leur surface est froide elles sont faiblement lumineuses par unité de surface. Si une étoile rouge est néanmoins très brillante, c'est parce qu'elle est exceptionnellement proche de nous, ou, si ce n'est pas le cas, parce que sa surface est exceptionnellement grande.

Ainsi l'étoile Alpha Centauri C (Proxima Centauri) est plus proche de nous que toute autre étoile dans le ciel; mais ce n'est pas encore suffisant, car elle demeure invisible à l'œil nu. Elle est rouge et froide, et petite de surcroît. Bételgeuse est aussi rouge qu'Alpha Centauri C, or elle est non seulement visible à l'œil nu mais fait partie de la douzaine d'étoiles les plus brillantes dans le ciel. On doit donc conclure de ce seul fait qu'elle possède une surface énorme.

C'est ainsi qu'a dû raisonner le physicien germano-américain Albert Abraham Michelson (1852-1931). En 1881 Michelson avait inventé un interféromètre, instrument destiné à mesurer de manière très précise la façon dont deux faisceaux de lumière interfèrent; les ondes lumineuses de chacun des faisceaux se renforcent mutuellement en certains endroits et se compensent en d'autres, suivant que les ondes atteignent ensemble leur maximum d'intensité ou bien que l'une atteint son maximum pendant que l'autre son minimum. Il en résulte une alternance spatiale de bandes sombres et brillantes desquelles on peut tirer beaucoup d'informations de leur largeur.

Si une étoile visible dans le ciel est un vrai point, de

diamètre nul, toute la lumière nous en parvient en un seul rayon et il n'y a aucune interférence possible. Si cependant une étoile a un diamètre fini (même petit), la lumière d'un bord de l'étoile et la lumière du bord opposé nous parviennent en deux rayons distincts qui convergent vers le point d'observation, formant un angle infime. Les deux rayons interfèrent mais de manière extrêmement faible et les interférences sont très difficiles à déceler. Naturellement plus l'étoile est grande plus l'angle est important (même s'il reste toujours minuscule) et plus les chances de détecter les interférences sont grandes.

Michelson utilisa un interféromètre spécial, de six mètres de long, capable de détecter des effets particulièrement faibles. Il eut aussi accès au nouveau téléscope de 2,5 mètres, à l'époque le plus grand du monde. En 1920 le diamètre apparent de Bételgeuse fut mesuré. C'était la première étoile dont on avait réussi à montrer par la mesure qu'elle n'était pas ponctuelle, et la nouvelle fit les gros titres du *New York Times*.

Une valeur d'environ 0,02 seconde d'arc fut relevée pour le diamètre apparent de Bételgeuse.

Quel largeur cela fait-il? Imaginez 100 000 taches lumineuses comme Bételgeuse réunies côte à côte et vous obtiendrez une ligne brillante équivalente à la largeur de la pleine Lune lorsqu'elle est le plus près de la Terre. Imaginez 65 000 000 de taches lumineuses comme Bételgeuse réunies côte à côte et vous obtiendrez une fine ligne brillante qui encercle le ciel à l'équateur comme une auréole.

Encore plus fort : imaginez une multitude de taches lumineuses, chacune de la taille apparente de Bételgeuse, rassemblées étroitement pour tapisser la sphère céleste; il faudrait 1 330 000 000 000 000 de ces dernières pour embraser complètement le ciel tout autour de la Terre.

Quand vous pensez à cela et que vous réalisez que le ciel est clairsemé de 6 000 étoiles visibles seulement, vous vous rendez compte combien le ciel peut être vide, même avec le Soleil, la Lune et les six planètes visibles.

Bételgeuse est une étoile variable; c'est-à-dire, dont la luminosité change au cours du temps. De plus ses variations ne suivent pas une périodicité simple, c'est donc une « variable irrégulière ». Sa luminosité moyenne est de magnitude 0,85 mais elle peut parfois monter jusqu'à 0,4 et descendre jusqu'à 1,3.

La raison de cette variabilité n'est pas un mystère. Le simple fait qu'une étoile soit une géante rouge signifie qu'elle se trouve dans son dernier stade d'étoile en expansion. Avant peu, elle ne sera plus capable de soutenir la masse de ses couches externes par l'énergie de ses réactions de fusion internes et l'étoile s'effondrera alors sur elle-même (avec ou sans explosion). Le fait que Bételgeuse clignote, pour ainsi dire, est une autre indication qu'elle approche de sa fin. Le clignotement est dû à la turbulence et aux instabilités variées attendues dans une étoile en difficulté à se fournir elle-même en chaleur suffisante pour maintenir son expansion.

Ceci étant, on devrait relever des variations notables du diamètre de Bételgeuse mesuré par interférométrie; c'est effectivement ce que l'on constate : le diamètre apparent varie entre 0,016 et 0,023 seconde d'arc.

Afin de connaître la dimension de Bételgeuse en unité absolue à partir de son diamètre apparent, il faut connaître sa distance et ce n'est pas facile. Les distances stellaires de plus de 30 parsecs (100 années de lumière) sont difficiles à déterminer.

Le dernier chiffre (probablement le plus fiable) que j'ai pu trouver pour la distance de Bételgeuse est 200 parsecs (650 années de lumière).

Pour que la sphère d'une étoile apparaissent avec un diamètre apparent de 0,02 seconde d'arc quand celle-ci est située à une distance de 200 parsecs, il faut qu'elle possède un diamètre effectif de 600 000 000 km environ, si mes calculs sont exacts. Bételgeuse a donc un diamètre moyen 430 fois plus grand que le diamètre du Soleil. Son volume serait donc 80 000 000 fois celui du Soleil, ce qui signifie que si l'on imagine Bételgeuse comme une sphère creuse il faudrait 80 000 000 de sphères de la taille du Soleil pour la remplir (en supposant que les petites sphères sont compactées de manière à éliminer l'espace vide entre elles).

Si vous imaginez Bételgeuse à la place du Soleil, sa surface se situerait tout près de l'orbite de Mars. La Terre serait à 7/10 du chemin entre le centre et la surface.

Vous pouvez alors visualiser de manière plus spectaculaire ses pulsations. Quand Bételgeuse se dilate à son maximum, son diamètre s'accroît jusqu'à environ 725 000 000 km, soit 500 fois celui du Soleil; à son minimum, il se trouve simplement à 500 000 000 km, soit 360 fois celui du Soleil.

A la place du Soleil, la surface de Bételgeuse au maximum de son expansion atteindrait la ceinture d'astéroïdes. Elle est trois fois plus volumineuse au maximum qu'au minimum. Si ce sont les derniers soupirs d'une étoile qui parvient en fin de sa course d'expansion, ils ne manquent pas de vigueur pour autant.

S'il est établi que Bételgeuse est réellement une étoile géante (elle appartient en fait à la classe d'étoiles qu'on appelle les « géantes rouges »), comment tient-elle la comparaison en taille *apparente* avec d'autres étoiles éventuellement plus petites mais plus proches?

Par exemple, j'ai déjà signalé que Alpha Centauri C est l'étoile la plus proche de nous. Elle fait partie d'un groupe de trois étoiles dont la plus grande est Alpha Centauri A. Cette dernière est presque exactement de la taille de notre Soleil; à sa distance de 1,35 parsecs (1/150e de celle de Bételgeuse) son diamètre apparent serait de 0,0035 seconde d'arc, moins de 1/5e de celui de Bételgeuse. Malgré toute sa proximité, Alpha Centauri A est si chétive qu'elle ne peut pas se montrer aussi large que la lointaine géante Bételgeuse.

Sirius est plus grand que Alpha Centauri A, mais il est aussi loin et son diamètre apparent n'est que de 0,0032 seconde d'arc. Arcturus a 32 000 000 km de diamètre (23 fois le Soleil), mais il est à 11 parsecs de nous et son diamètre apparent est de 0,0095 seconde d'arc; Aldebaran a 50 000 000 km de diamètre 36 fois le Soleil), mais à 16 parsecs de distance son diamètre apparent n'est que de 0,011 seconde d'arc, près de la moitié de celui de Bételgeuse.

Il n'y a vraiment aucune étoile assez grande ou assez proche (ou les deux à la fois) pour rivaliser avec Bételgeuse. Celle qui vient en second est Antarès dans la constellation du Scorpion. A une distance de 130 parsecs, elle est plus proche que Bételgeuse, mais légèrement moins lumineuse aussi; elle doit donc être plus petite de manière appréciable.

Précisément, Antarès aurait à sa distance un diamètre apparent de 0,02 seconde d'arc, ce qui est égal à la valeur moyenne de Bételgeuse. Mais Antarès ne connaît pas de pulsations appréciables. Elle est donc plus petite en taille apparente que Bételgeuse à son maximum.

Bref, de toutes les étoiles, Bételgeuse vient en second après le Soleil pour la dimension apparente.

Bételgeuse a une température de surface de 3 200 K, à comparer à la température de surface de notre Soleil de 5 700 K. Bételgeuse est chauffée au rouge tandis que le Soleil est porté à blanc.

Si la surface du Soleil était soudainement porté à 3 200 K, outre que sa lumière rougirait, il délivrerait une puissance lumineuse totale 43 fois moins intense qu'actuellement.

Bételgeuse a une surface 185 000 fois plus grande que le Soleil, cependant; si bien que, même si chaque portion équivalente au Soleil ne délivre que 1/43e de la puissance lumineuse de ce dernier, l'étoile entière brille avec 4 300 fois plus d'éclat que le Soleil.

Les astronomes utilisent le terme de « magnitude absolue » pour désigner la luminosité affichée par une étoile qui serait exactement à 10 parsecs de la Terre. Si notre Soleil se trouvait à une telle distance il aurait une magnitude absolue de 4,7, ce qui en ferait une étoile assez faiblement lumineuse et peu spectaculaire.

De son côté si Bételgeuse était rapprochée de nous à une telle distance, elle brillerait avec une magnitude absolue de – 5,9. Elle nous dispenserait une lueur rougeâtre avec une luminosité 4,3 fois plus forte que Vénus en son point le plus brillant.

Elle aurait alors un diamètre apparent de 0,4 seconde d'arc, ce qui serait énorme pour une étoile (autre que le Soleil), mais elle apparaîtrait toujours comme un point lumineux. Après tout la planète Jupiter a un diamètre apparent de 50 secondes d'arc et apparaît aussi comme un point lumineux à l'œil nu.

Malgré sa taille et sa luminosité énormes, Bételgeuse n'est pas d'une certaine manière la géante qu'elle paraît. Qu'en est-il de sa masse, par exemple, de la quantité de matière qu'elle contient?

Elle est plus massive que le Soleil, mais pas beaucoup plus. En effet sa masse est évaluée à 16 fois celle du Soleil, 16 fois *seulement*.

Cette masse de 16 Soleils se répartit dans un volume moyen 80 000 000 de fois plus grand. La densité moyenne de Bételgeuse doit donc être égale à 16/80 000 000e ou 1/5 000 000e de celle du Soleil.

C'est beaucoup plus faible que ce que l'on pourrait croire, car cela équivaut à 1/4 500e de la densité de l'air que l'on respire actuellement. Quand Bételgeuse est à sa plus forte extension la matière qu'elle contient se répartit dans un volume encore plus grand, et sa densité moyenne est 1/7 000e de celle de l'air.

Si nous devions pomper un récipient pour y laisser 1/4 500 de l'air qu'il contient, il serait justifié de désigner par le terme de vide le résultat obtenu. Ce ne serait pas le vide absolu, ni même un vide très poussé, mais ce serait un vide suffisant au sens des applications quotidiennes. Il est alors assez naturel de se représenter Bételgeuse (ou n'importe qu'elle géante rouge) comme une sorte de vide rougeoyant.

Encore que Bételgeuse (ou n'importe quelle étoile) n'est pas uniformément dense en tout son volume. Une étoile est moins dense en surface, et sa densité croît plus ou moins régulièrement lorsque l'on progresse vers le centre où, bien sûr, elle est maximale. La température atteint également son sommet au centre.

Une étoile commence avant tout comme une boule d'hydrogène; c'est en son centre, où la température et la densité sont les plus élevées, que les noyaux s'écrasent l'un contre l'autre assez fortement pour fusionner. C'est alors au centre que l'hydrogène est fusionné en hélium et que l'énergie est relâchée. L'hélium s'accumule, formant un noyau qui s'accroît progressivement tant que se poursuit la fusion.

La fusion de l'hydrogène continue à avoir lieu aux abords du noyau d'hélium, où la température et la densité sont suffisantes pour entretenir la réaction; le noyau d'hélium en croissance devient lui-même plus chaud et dense. Enfin, après des millions ou même des milliards d'années, la température et la densité de l'hélium deviennent assez fortes pour provoquer la fusion des noyaux d'hélium stables en noyaux de carbone et d'oxygène (le noyau de carbone est composé de trois noyaux d'hélium, le noyau d'oxygène de quatre).

Le nouveau flux de chaleur engendré par l'attaque de la fusion de l'hélium entraîne une expansion de l'étoile (qui, pendant la fusion de l'hydrogène, est restée relativement stable en apparence) de telle sorte que sa surface se refroidit. En d'autres termes, l'étoile qui était jusque là un objet chauffé à blanc relativement petit se dilate soudainement en géante rouge, tandis qu'un nouveau noyau de carbone et d'oxygène se forme et se développe au centre.

C'est la situation dans laquelle se trouve Bételgeuse. En son centre existe un noyau de carbone-oxygène porté à une température de 100 000 000 K (à comparer avec les 15 000 000 K au centre du Soleil). Ce n'est pas encore suffisant pour provoquer la fusion du carbone et de l'oxygène en éléments plus complexes.

Ce noyau (au mieux de ce que les astronomes peuvent en

dire d'après des simulations sur ordinateur basées sur ce qu'ils savent de la théorie des réactions nucléaires) est peut-être deux fois plus grand en diamètre que la Terre et a une densité de l'ordre de 50 000 grammes par centimètre cube, soit plus de 2 000 fois celle du platine sur Terre. Bételgeuse n'est assurément pas un vide rougeoyant en tout son volume.

Peut-être 1/50e de la masse totale de Bételgeuse est rassemblée dans ce noyau. Autour du noyau, une couche d'hélium peut-être dix fois plus grande en volume rassemble encore 1/50e de la masse totale. Au-delà de cette couche d'hélium se trouvent les régions externes raréfiées, constituées en majeure proportion d'hydrogène. La fusion de l'hélium se poursuit à la surface du noyau de carbone–oxygène et la fusion de l'hydrogène à la limite de la couche d'hélium.

L'hydrogène des bords profonds de la région externe raréfiée de Bételgeuse ne peut pas fusionner à une vitesse aussi grande qu'il l'aurait fait au centre. L'hélium, qui fusionne sous des conditions plus denses et plus chaudes, produit beaucoup moins d'énergie par noyau. Les deux fusions réunies, donc, ne peuvent à peine produire assez de chaleur pour maintenir Bételgeuse dans son état de distension gigantesque. A la première occasion de manque qui se présente, l'étoile commence à se contracter. La contraction comprime l'hydrogène et l'hélium et accélère la fusion de telle sorte que l'étoile se dilate à nouveau.

Comme le temps passe, des réactions de fusion plus complexes ont lieu dans le noyau, chacune produisant moins d'énergie par noyau que la précédente : la situation empire donc régulièrement. Finalement, quand des noyaux de fer commencent à se former au cœur, aucune autre réaction de fusion libératrice d'énergie ne peut plus se produire et les contractions périodiques deviennent de plus en plus extrêmes. Enfin, à l'occasion d'une dernière défaillance l'étoile s'effondre sur elle-même de manière définitive.

L'effondrement soudain compressera ce qui reste de matériau fusible et une grande partie de celui-ci s'en ira d'un seul coup en explosion. Plus l'étoile est massive, plus l'effondrement est soudain et plus l'explosion est catastrophique.

Une étoile de la taille du Soleil s'effondrera en soufflant une petite partie de ses couches les plus externes dans l'espace. Il en résultera une enveloppe sphérique de gaz autour de l'étoile effondrée. Vue de loin l'enveloppe ressemblera à un anneau de fumée et engendrera une nébuleuse planétaire. L'étoile effondrée au centre sera très dense et petite : une naine blanche.

Une étoile beaucoup plus grande que le Soleil – comme Bételgeuse – explosera avec assez de violence pour constituer une supernova; les restes comprimés s'effondreront au-delà du stade de naine blanche et deviendront une étoile à neutrons, voire un trou noir.

C'est sans aucun doute le destin qui attend Bételgeuse dans un avenir relativement proche; mais pour un astronome, « avenir proche » pourrait signifier 100 000 ans, aussi ne passez pas vos nuits à l'attendre. Il y a au moins une autre étoile capable de battre Bételgeuse aux points *, mais même dans ce cas, il peut s'écouler quelques milliers d'années avant qu'elle n'explose.

Supernova mise à part, il y a encore beaucoup de choses intéressantes à raconter sur Bételgeuse dans le prochain chapitre.

* Voir « Prêt et attentif! » dans X *comme inconnu*, Londreys, 1984.

7

LE MONDE DU SOLEIL ROUGE

Quand j'étais un peu plus jeune qu'aujourd'hui, élève au collège, je lisais toutes les revues de science-fiction que je trouvais sur le présentoir dans la confiserie de mon père.

J'avais l'habitude de répéter les histoires qui m'avaient particulièrement plu devant une assistance de camarades de classe captivés pendant les heures de repas. La narration qui rencontra le plus vif succès fut celle d'une nouvelle que j'adorai, « Le monde du Soleil rouge », parue dans le numéro de décembre de *Wonder Stories*.

Je ne remarquai pas à l'époque le nom de l'auteur, car il n'était pas du tout connu. C'était en effet la première histoire qu'il publiait.

Ce n'est qu'après plusieurs années seulement, après être devenu correspondant et ami du célèbre écrivain de science-fiction Clifford D. Simak, et en consultant le précieux index de Donald Day des nouvelles de science-fiction publiées entre 1926 et 1950, que je découvris que « le monde du Soleil rouge » n'était autre que le premier coup d'essai de Cliff. (Aujourd'hui, plus d'un demi-siècle plus tard, il est encore en activité et continue de nous façonner des petits bijoux; il a été élu Grand Maître par l'Association des Écrivains Américains de SF.)

Cela a toujours été pour moi une source de satisfaction

intarissable d'avoir reconnu, encore à peine adolescent, le génie d'un auteur à sa première nouvelle.

Vous pouvez donc imaginer le plaisir avec lequel j'ai réalisé, quand je projetai d'écrire cet essai, que le titre le plus logique que je pouvais lui donner était celui de la première histoire de Cliff. Je l'ai donc intitulé ainsi en hommage à un vieil ami.

L'histoire de Cliff racontait un voyage dans le temps et le Soleil rouge dont il s'agissait, était notre propre Soleil dans un futur lointain. Mon Soleil rouge, cependant, est l'étoile que j'ai décrite avec luxe de détails dans le chapitre précédent, j'ai nommé : Bételgeuse, la géante rouge.

Voici la question : si nous envisageons Bételgeuse comme un Soleil rouge, pourrait-il exister un monde qui tourne autour? Par là je ne veux pas dire une planète simple et banale, mais une planète particulière du style de la Terre et dotée d'une vie intelligente. Il n'est pas nécessaire que cette vie soit humanoïde, bien sûr, mais ce doit être la vie telle que nous l'entendons : à base d'acides nucléiques et de protéines, développée en milieux aqueux.

Voyons voir, donc... Supposons, pour commencer, que nous disposons d'une planète semblable à la Terre (j'ai fort envie d'utiliser le terme « terroïde » pour la qualifier, bien que je ne pense pas qu'il soit d'usage courant).

Une planète terroïde ne peut pas être trop près d'une étoile sinon son océan bouillira; elle ne peut pas être trop loin sinon son océan gèlera et, dans les deux cas, la vie terroïde serait impossible.

Puisque Bételgeuse est une étoile de diamètre moyen 430 fois plus grand que celui du Soleil, nous savons que notre planète terroïde devra se situer beaucoup plus loin de celle-ci que notre Terre par rapport au Soleil. En première approximation, plaçons notre planète à une distance telle que Bételgeuse aurait le même diamètre apparent dans son ciel que le Soleil vu de la Terre.

Dans ce cas, la planète serait à une distance de l'étoile de

63 500 000 000 km (1/15e d'année de lumière), soit plus de dix fois la distance moyenne de Pluton au Soleil.

Si une planète se trouvait à une telle distance du Soleil, elle accomplirait une révolution complète en près de 8742 années terrestres.

Bételgeuse est cependant 16 fois plus massive que notre Soleil; elle entraînerait donc une planète aussi lointaine plus rapidement sur son orbite que ce dernier. Autour de Bételgeuse la même planète complèterait sa révolution en près de quatre fois moins de temps. Sa période serait de 2 185 années terrestres.

Est-ce important que la période de révolution de la planète dépasse deux millénaires?

Supposez qu'elle soit exactement comme la Terre. Supposez que son orbite soit circulaire, qu'elle tourne autour de son axe en 24 heures; que son axe ait la même inclinaison que le nôtre, etc. Elle connaîtrait des saisons comme la Terre, mais chaque saison durerait cinq longs siècles; *trop* longs, naturellement. Les régions polaires connaîtraient des siècles d'illumination constante suivis par des siècles d'obscurité.

Bon, imaginons alors que l'axe soit droit : 12 heures de jour et 12 heures de nuit en tout lieu. Les régions polaires possèderaient sans doute des calottes glaciaires qui s'étendraient loin dans les régions tempérées en l'absence d'un été très chaud pour en fondre une bonne partie, mais les régions tropicales seraient douces. Il semblerait que tout soit prêt pour commencer, mais...

Ca ne marche pas!

Bételgeuse est rouge, pas blanche. Sa température de surface est 3 200 K, et non les 5 800 K du Soleil. La surface de Bételgeuse délivrerait 1/43e de la lumière et de la chaleur du Soleil. Elle aurait l'air aussi grande que notre Soleil dans le ciel de la planète, mais ce serait un soleil bien froid selon nos critères : l'océan gèlerait et la vie terroïde serait impossible.

Dans ce cas, rapprochons la planète terroïde (l'imagination est un outil puissant). Oublions une Bételgeuse de même taille apparente que le Soleil, mais laissons l'étoile prendre de l'extension à mesure que la planète s'en rapproche jusqu'à ce que sa surface devienne assez importante en dimension pour compenser sa froideur.

Nous devons nous déplacer jusqu'à ce que la surface apparente de Bételgeuse dans le ciel soit 43 fois plus grande que celle du Soleil vu de la Terre, soit un diamètre apparent 6,5 fois plus grand. Cela signifie que nous devons imaginer la planète terroïde à une distance moyenne de Bételgeuse de 9 680 000 000 km, soit 1,6 fois seulement la distance Pluton-Soleil.

A cette distance, Bételgeuse aurait près de 3,5 degrés de diamètre apparent et semblerait quelque peu bouffie à nos yeux accoutumés au Soleil, mais elle délivrerait la quantité approprié de lumière et de chaleur.

Il est sûr que la lumière serait différente en qualité. Elle serait de couleur rougeâtre et moins satisfaisante pour nos yeux. Cependant, les organismes de la planète seraient probablement adaptés au domaine de rayonnement de l'étoile. Leurs yeux seraient plus sensibles au rouge que les nôtres et réagiraient jusqu'à un certain point à l'infrarouge (et seraient probablement insensibles à la lumière de courte longueur d'onde, présente en faible quantité dans le rayonnement de Bételgeuse). Pour les yeux terroïdes Bételgeuse apparaîtrait blanche et les organismes dotés de ces yeux seraient parfaitement satisfaits.

D'autre part, la période de révolution serait plus courte dans ces conditions; elle atteindrait seulement 130 années terrestres. Une légère inclinaison de l'axe serait supportable et pourrait réduire appréciablement la couverture glaciaire.

De bon augure, n'est-ce pas?... Non, ça ne va pas!

Notre Soleil est une étoile stable, dont la taille et la quantité de rayonnement restent inchangés. Bien sûr, il est plus ou moins tacheté selon les moments, et des observations récentes ont conduit les astronomes à penser que sa taille varie légèrement avec le temps; mais ces variations sont insignifiantes en comparaison avec le cas de Bételgeuse qui, comme je l'ai signalé dans le dernier chapitre, connaît des pulsations nettes et irrégulières.

J'ai dit que le diamètre de Bételgeuse est 430 fois plus grand que celui du Soleil; mais cela n'est vrai qu'*en moyenne*. L'étoile peut enfler jusqu'à 500 fois le diamètre du Soleil (et même parfois plus) ou diminuer jusqu'à 360 fois seulement celui-ci (et même parfois moins).

La planète imaginaire circulant autour de Bételgeuse verrait l'étoile sous un diamètre apparent de 3,5 degrés en moyenne seulement. Ce diamètre varierait entre 4,2 et 2,9 degrés. A son diamètre maximum, la surface apparente de l'étoile serait deux fois plus grande qu'à son minimum et délivrerait deux fois plus de rayonnement.

Cela signifie que notre planète imaginaire va souffrir à la fois des périodes de temps atrocement chaudes et atrocement froides, même si son orbite est circulaire et son axe de rotation propre droit. J'ai bien peur que ces variations de température sur la planète soient trop importantes pour permettre à la vie telle que nous la connaissons de se développer.

Mais son orbite doit-elle nécessairement être circulaire? Ne pourrions-nous pas imaginer une orbite plutôt elliptique arrangée de telle sorte que la planète s'approche de Bételgeuse juste au moment où l'étoile se contracte, délivrant moins de lumière et de chaleur, puis s'éloigne au moment où elle se dilate?

Cela exigerait beaucoup de coïncidence de supposer que la planète va et vient juste au rythme approprié pour maintenir une température assez régulière, mais je ne voudrais pas hésiter à envisager cette éventualité simplement parce qu'elle est improbable.

L'ennui est qu'elle n'est pas simplement improbable, mais *impossible!*

J'ai dit que la planète circulerait autour de Bételgeuse en 130 ans. Quel que soit le degré d'excentricité de l'orbite, la période de révolution reste de 130 ans tant que la distance moyenne reste de 9 680 000 000 km. Cela signifie que la planète sera relativement proche de Bételgeuse pendant moins de 65 ans, et relativement éloignée pendant plus de 65 ans, parce que celle-ci se déplacera avec une vitesse orbitale plus élevée que la moyenne quand elle sera proche de Bételgeuse et moins élevée quand elle sera plus éloignée. Plus l'orbite est elliptique, plus le rapport entre les temps qu'elle passera à proximité et à distance est déséquilibré.

Il n'y a aucune façon d'ajuster la situation à l'expansion et à la contraction de Bételgeuse si la période de pulsation de l'étoile est différente de 130 ans avec un cycle d'expansion plus long d'un certain rapport que le cycle de contraction.

La période de pulsation de Bételgeuse est loin du compte. Il faut environ 50 jours à Bételgeuse pour se dilater de son minimum à son maximum, et de 100 à 150 jours pour se contracter à nouveau entre ses deux extrêmes. En une période orbitale de la planète, donc, l'étoile subira près de 270 pulsations. Pour tout arranger, il faudrait agiter la planète en tous sens, en faisant varier sa période sur un large domaine, afin de s'adapter aux variations imprévisibles de la durée et de l'extension des pulsations de Bételgeuse.

Il semble que la turbulence et le « bouillonnement » soient à l'origine de l'irrégularité de Bételgeuse. Des bulles chaudes d'hélium remontent périodiquement de l'intérieur vers la surface et produisent d'énormes taches brûlantes qui entraînent l'étoile à se dilater. Les paramètres qui interviennent sont trop nombreux pour permettre un grand degré de régularité dans le phénomène.

Vous pourriez argumenter, naturellement, que le climat de la Terre n'est pas des plus réguliers et que ça n'empêche pas la vie d'exister sur la planète.

Oui, mais les variations globales de températures sur Terre sont bien moindres que celles que devraient endurer la planète de Bételgeuse et, d'autre part, il y a de vastes régions sur Terre où la température reste égale pendant de longue périodes de temps. Il est difficile d'envisager que cela puisse être également le cas sur la planète de Bételgeuse.

Bételgeuse est également extrêmement instable sur d'autres plans. Certains signes montrent que l'étoile possède des protubérances gigantesques et est une source considérable de vent stellaire. Tout cela confirme que Bételgeuse ne va pas rester encore longtemps sous sa forme présente, en comparaison avec les étoiles ordinaires comme le Soleil qui peuvent rester relativement stables pendant des milliards d'années.

Comparons le vent de Bételgeuse à celui du Soleil. Le Soleil perd constamment de la masse en flux de particules (principalement des protons, noyaux d'hydrogène qui constituent la masse de la substance du Soleil) qui fusent vers l'extérieur dans toutes les directions. Le Soleil perd à peu près une tonne de matière par *seconde* à travers ce vent solaire, mais Bételgeuse perd sa matière avec un taux un milliard de fois plus élevé.

Si Bételgeuse continue à perdre de la matière à travers son vent stellaire au taux actuel, elle aura entièrement disparu dans 16 000 000 d'années. Il y a des chances, cependant, que bien avant cela Bételgeuse aura soufflé assez de matière pour se convertir en étoile condensée, entourée d'une nébuleuse planétaire, ou bien aura explosé en supernova. Je soupçonne fort qu'une géante rouge ne peut rester dans cet état plus de 2 000 000 d'années environ.

Cela pourrait vous sembler suffisamment ample, considérant que la civilisation humaine est née il y a 10 000 ans. Une période de 2 000 000 d'années représente deux cents fois cette durée.

Eh bien non! Nous ne parlons pas du développement de la civilisation, mais du développement de la vie. La vie est apparue sur Terre il y a peut-être 3 500 000 000 d'années; la vie pluricellulaire, peut-être 800 000 000 d'années; la vie sur la terre ferme, seulement 400 000 000 d'années. Il a fallu plus de deux milliards et demi d'années pour dépasser le stade de la cellule isolée, et cela est plus de cent fois plus long que la durée de vie d'une géante rouge.

Vous pourriez rétorquer que l'évolution a été particulièrement lente sur Terre et qu'elle pourrait être beaucoup plus rapide sur la planète de Bételgeuse.

Eh bien, nous ne pouvons pas dire si la vitesse de l'évolution sur Terre est réprésentative de la vie dans l'univers en général, puisque la vie terrestre est le seul échantillon du phénomène que nous connaissons. Néanmoins, d'après ce que nous savons de l'évolution, il semble difficile de supposer que cela puisse être autre chose qu'un long processus. Il est difficile de croire que la vie intelligente ait pu émerger pendant la brève existence d'une géante rouge.

A ce propos, il ne faudrait pas oublier que Bételgeuse n'a pas toujours été une géante rouge. Avant cela, elle faisait partie de la séquence principale; c'est-à-dire, c'était une étoile stable comme le Soleil, subsistant par la fusion de l'hydrogène au sein de son noyau. C'était alors une étoile relativement petite; plus massive que le Soleil et donc quelque peu plus grande, brillante et chaude, mais pas géante.

Pourquoi donc, devons-nous supposer que la vie a commencé quand Bételgueuse était une géante rouge? Serait-il absurde de supposer que la vie a commencé quand elle se trouvait dans la séquence principale, et que cette vie s'est développée au stade de l'intelligence et de la haute technologie pendant cette période?

Alors, quand Bételgeuse est sortie de la séquence principale et a commencé son cycle de géante rouge, les habitants intelligents de la planète d'origine (qui, bien sûr, aurait circulé autour de Bételgeuse à une plus grande distance que la Terre par rapport au Soleil, puisque Bételgeuse est une étoile plus chaude; mais pas une distance terriblement plus grande) auraient eu les capacités de voyager dans l'espace au-delà. Le mouvement se serait accompli par étapes. En effet, bien que l'évolution du stade de géante rouge soit rapide comparée aux changements dans la séquence principale, celle-ci demeure bien lente à l'échelle de la vie humaine.

Aussi, quand notre Soleil commencera à évoluer au stade de géante rouge, les êtres humains (ou nos descendants évolués), s'ils existent encore, pourraient progressivement se déplacer vers Mars; puis, des centaines de milliers d'années plus tard, vers Europe; puis, un million d'années après, vers Titan, etc. Bételgeuse, plus massive, évoluerait plus vite que le Soleil, mais rien ne presserait encore.

Donc, la lointaine planète de Bételgeuse-géante rouge ne porterait pas une vie intelligente développée sur place, mais une vie qui aurait *émigré* d'une planète située en-deçà, vaporisée et absorbée par l'expansion de l'étoile.

Ça ne marche pas non plus!

Dans notre système solaire, les mondes relativement proches du Soleil sont essentiellement rocheux, avec ou sans noyau métallique, et il est concevable qu'ils puissent convenir à la vie humaine à long terme, soit naturellement (comme la Terre) soit après de considérables aménagements technologiques, comme dans le cas de la Lune ou de Mars.

Les mondes au-delà de la ceinture d'astéroïdes qui pourraient survivre au Soleil rouge géant sont en revanche de compositions fondamentalement différentes. Les grands mondes y sont principalement gazeux, tandis que les petits sont principalement glacés. De tels mondes n'offrent pas beaucoup d'espoir en tant que refuges à long terme. Les gazeux sont beaucoup trop étrangers et les glacés n'ont pas les éléments métalliques et rocheux dont nous avons besoin.

Naturellement, il est concevable que le Soleil rouge réchauffe suffisamment Jupiter au point que la planète soit dispersée en grande partie; et nous pourrions rêver qu'il laisse ainsi à nu un noyau rocheux qui constituerait une nouvelle Terre toute fraîche. Malheureusement, nous n'avons aucune certitude que la planète possède un tel noyau rocheux, ni aucune idée de la taille qu'il pourrait avoir; quant à cela, il se pourrait tout aussi bien qu'un Jupiter réchauffé maintienne sa cohésion grâce à son champ gravitationnel intense.

Parmi les grands satellites joviens, Ganymède et Callisto sont glacés et seraient éventuellement fondus et dispersés à l'époque de la géante rouge. Io est assurément rocheux mais dépourvu d'eau. Europe est rocheux et entouré d'un océan superficiel (actuellement gelé, du moins en surface). La géante rouge ferait sûrement fondre et vaporiserait l'océan, qui serait ainsi dispersé dans l'espace.

Au-delà de Jupiter, tout resterait intact, mais ces mondes ne sont pas vraiment attirants.

Il y a toutes les raisons de penser que cette configuration générale – mondes rocheux près d'une étoile et mondes gazeux ou glacés à distance – est propre à tous les systèmes planétaires. On pourrait s'attendre, donc, à ce qu'une règle édicte que la vie commence relativement près d'une étoile, et qu'au stade de géante rouge la retraite vers des régions extérieures implique une adaptation d'amplitude telle qu'elle est interdite.

Mais ne sommes-nous pas en train d'imposer des limites un peu courtes au progrès technologique? L'adaptation à une vie en dehors de sa planète d'origine pourrait être très simple pour une espèce technologiquement avancée. Si l'on considère les progrès réalisés depuis les cent dernières années (du planeur sans moteur à la sonde spatiale photographiant de près les anneaux de Saturne), que ne pourrions-nous pas attendre de nous-mêmes dans une autre centaine d'années, sans parler d'un millénaire?

Et qui dit que nous devons nous contenter, en tant que réfugiés, d'un quelconque de ces mondes de notre banlieue planétaire? Ce ne sont que des réserves de ressources.

Nous pouvons imaginer l'humanité à l'approche des temps du Soleil géante rouge comme vivant dans des installations spatiales artificielles, aussi confortables et spacieuses que sur la surface terrestre et bien plus sûres. Toute idée de retourner dans un monde quelconque pourrait avoir disparue. On déplacerait simplement les installations en s'éloignant du Soleil, petit à petit, année par année, pour se prémunir de l'accroissement rampant de l'intensité du rayonnement solaire.

On pourrait même imaginer l'humanité en train de sauver des mondes de la destruction solaire, les éloignant de l'astre à l'occasion pour les conserver en tant que ressources.

Par conséquent, nous pourrions imaginer la vie développée à l'origine près de Bételgeuse pendant ses jours de séquence principale, et se développant à présent dans de grandes installations à près de dix milliards de kilomètres de l'étoile, accompagnées d'astéroïdes rescapés et de satellites en orbite. On pourrait même supposer que les habitants auraient trouvé des moyens d'atténuer les différences de rayonnement reçus suivant les pulsations de Bételgeuse. Ils pourraient protéger les installations en défléchissant une bonne part du rayonnement lorsque Bételgeuse se réchauffe et concentrer ce même rayonnement lorsque l'étoile se refroidit.

Ça ne marche pas!

Tout cela dépend du fait que la vie ait réellement pu naître et se développer dans le système planétaire hypotétique de Bételgeuse pendant que l'étoile se trouvait encore dans la séquence principale.

Considérons notre Soleil, par exemple, et pour ce faire ne continuons pas à nous embarrasser avec des milliards d'années. Il est difficile de saisir une période de temps aussi énorme. A la place, définissons « 6 années-longues » égales à 1 000 000 000 d'années ordinaires; dans cette unité, une seconde est égale à 53 ans.

En utilisant ces « unités-longues », le système solaire se serait condensé à partir d'un tourbillon primordial de gaz et de poussière en près de 7 mois-longs et serait entré dans la séquence principale. Il resterait dans cette séquence pendant près de 72 années-longues (environ la durée de vie moyenne d'un être humain, ce pourquoi j'ai choisi cette unité particulière), puis étincellerait dans le stade de géante rouge pas plus de 4 *jours-longs* avant de s'effondrer en naine blanche, état dans lequel il demeurerait indéfiniment en se refroidissant lentement.

Examinons maintenant plus en détail la durée de vie du Soleil dans la séquence principale.

Les planètes et les autres corps froids du système solaire ont pris leur forme actuelle en collectant lentement des débris sur leur orbite. Le bombardement de ces débris a laissé ses traces sous la forme de cratères de météorites qui balafrent tous les mondes où ils n'ont pas été érodés ou masqués par des facteurs comme l'air, l'eau, l'activité volcanique, l'activité biologique, etc. C'est seulement après trois années-longues que ce bombardement a pratiquement pris fin et que la Terre et les autres planètes ont à peu près acquis leur forme actuelle.

Quand le Soleil a atteint l'âge de 6 années-longues, les premières traces de molécules assez complexes pour être qualifiées de vivantes sont apparues sur Terre.

A l'âge de 21 années-longues, apparaît la vie pluricellulaire; à 24 années-longues, les premiers gisements de fossiles. Le Soleil a un peu plus de 25 années-longues quand la vie émerge sur le sol ferme, et il a aujourd'hui dépassé de peu les 27 1/2 années-longues. Quand il aura 60 années-longues, il sera peut-être un peu trop chaud pour que la Terre reste confortable, et les hommes ou leur descendants évolués pourraient bien commencer alors leur migration vers l'espace. A 72 années-longues, le Soleil deviendra une géante rouge, bien que moins grande que Bételgeuse aujourd'hui.

Précisément, toutes les étoiles ne restent pas pendant une même durée sur la séquence principale. En général, plus l'étoile est massive plus ses réserves de carburant nucléaire sont grandes. Plus elle est massive, cependant, plus elle consomme rapidement ce carburant pour engendrer assez de chaleur et de pression de radiation afin de se garder de l'effondrement sous la poussée de sa masse imposante.

Quand la masse augmente, le taux de consommation du carburant augmente plus vite que les réserves. Par conséquent, plus une étoile est massive, moins elle passe de temps dans la séquence principale et plus vite elle atteint le stade de géante rouge.

Prenons les naines rouges, qui constituent les trois quarts de toutes les étoiles. Ce sont des étoiles relativement petites avec des masses comprises entre 1/5 et 1/2 de celle du Soleil, juste assez massives pour produire une pression interne capable de déclencher les réactions nucléaires. Elles écoulent au compte-goutte leurs réserves relativement faibles de carburant, si lentement qu'elles restent dans la séquence principale pendant des durées comprises entre 450 et 1 200 années-longues.

Ce sont des tranches de vie énormes quand on sait que l'univers lui-même est connu pour être seulement âgé de 90 années-longues actuellement. Cela signifie que toutes les naines rouges en existence sont encore dans la séquence principale. Aucune n'a encore eu le temps d'atteindre le stade de géante rouge.

En revanche, les étoiles plus massives que le Soleil font un séjour plus court dans la séquence principale. Procyon, par exemple, environ 1,5 fois plus massif que le Soleil, restera dans la séquence principale un total de 24 années-longues; Sirius, avec une masse 2,5 fois plus grande, seulement 3 années-longues (je reviendrai sur ces questions de chronologie dans le dernier chapitre de ce livre).

Quant à Bételgeuse, 16 fois plus massive que le Soleil, eh bien, elle restera dans la séquence principale aussi peu de temps que 3 *semaines-longues*. Comparez cela avec les 6 années-longues qui se sont écoulées (une période plus de 100 fois plus importante) avant que les premières traces de vie apparaissent sur Terre.

Même si nous admettons que notre système solaire a été extrêmement lent à développer la vie, il est difficile de croire que celle-ci ait pu se développer en moins d'un centième de ce temps.

De plus, nous ne nous intéressons pas seulement aux premières traces de la vie. Nous nous attendons à ce que la vie évolue *lentement* vers des formes de plus en plus complexes jusqu'à l'émergence d'une espèce assez intelligente pour développer une technologie avancée. Il a fallu 27 années-longues pour le faire sur la Terre. Cela aurait-il pu se dérouler sur la planète de Bételgeuse en 3 semaines-longues, pas plus de 1/500e de cette période?

Il est simplement hors de toute possibilité que la vie se soit développée sur une planète quelconque circulant autour de Bételgeuse, ou que l'on puisse y trouver actuellement une vie d'origine indigène, (je dis « indigène » parce que je ne veux pas exclure la possibilité que des êtres technologiquement avancés, venus d'un autre système stellaire, aient établi un observatoire scientifique aux limites du système de Bételgeuse afin d'étudier de plus près une géante rouge. Si une telle station est habitée par des formes de vie, elles feraient mieux de s'écarter à une année de lumière de là le jour où Bételgeuse explosera).

Il n'y a donc pas de Monde du Soleil Rouge au sens de Bételgeuse, hélas, et l'on ne peut pas envisager une vie terroïde originaire d'un système planétaire d'une étoile nettement plus massive que notre Soleil. Les étoiles nettement moins massives sont aussi exclues pour d'autres raisons.

Il ne nous reste donc que les étoiles raisonnablement proches de la masse du Soleil qui conviennent au développement de la vie terroïde. Heureusement, ces étoiles constituent dix pour cent du total, ce qui nous laisse une bonne marge.

8

L'AMOUR FAIT TOURNER LE MONDE!

Il m'arrive souvent de laisser vaquer mon esprit de pensées en pensées. Par exemple, une chose à laquelle je songeais récemment m'a conduit de fil en aiguille jusqu'à l'expression : « C'est l'amour qui fait tourner le monde! ».

Pour la plupart des gens elle signifie que l'amour est une émotion si exaltante que son expérience fait ressentir le monde nouveau et merveilleux, tandis que sa déception semble faire perdre de l'éclat au Soleil même et arrêter le cours des planètes... et autre genre d'absurdités.

Mais qui l'a dite en premier?

Je me suis tourné vers ma bibliothèque de référence et j'ai découvert, à ma plus grande stupéfaction, qu'elle avait été utilisée pour la première fois dans la littérature anglaise en 1865, quand la Duchesse d'*Alice au pays des merveilles* de Lewis Carroll dit : *And the moral of that is 'Oh, 'tis love, 'tis love, that makes the world go round!* *

La même année, elle apparaît (avec un *'tis love* de plus) dans *Our Mutual Friend* (*Notre ami commun*) de Charles Dickens. L'invention simultanée paraît improbable : l'expression doit certainement provenir d'un proverbe traditionnel

* Et la morale de ceci est : « Oh c'est l'amour, l'amour qui fait tourner le monde! »

antérieur; assurément, il existe un vers tiré d'une chanson populaire française du XVIIIe siècle portant que « C'est l'amour, l'amour, qui fait le monde à la ronde », qui correspond bien à la remarque de la Duchesse.

En remontant plus loin dans le passé, on arrive aux derniers vers de *La Divine Comédie* de Dante qui contiennent la phrase : *L'amor che move il sole e l'altre stelle* (L'amour qui meut le Soleil et les autres étoiles). Les termes se réfère au mouvement en général plutôt qu'à une simple rotation autour d'un axe, mais ça fera l'affaire. Et ici, voyez-vous, le mot « amour » n'est pas utilisé dans son acception d'affection romantique humaine à laquelle la plupart d'entre nous pense naturellement. Dante se réfère plutôt à cet attribut de Dieu qui montre sa préoccupation pour l'humanité et maintient l'univers en activité pour notre bien.

Ces vers ont été à leur tour inspirés, au moins en partie, par un vieux proverbe latin datant, je suppose, de l'époque romaine : *Amor mundum fecit* (L'amour a fait le monde).

Et de là nous remontons aux cosmogonies mystiques des Grecs. Selon ce que nous savons des doctrines renfermées par les mystères orphiques, l'univers a commencé quand la nuit (le chaos primitif) a formé un œuf duquel est sorti Eros (amour divin), et c'est cet amour divin qui a créé la Terre, le Ciel, le Soleil, la Lune, et les a mis en mouvement.

D'un point de vue métaphysique, cet « amour divin », païen ou judéo-chrétien, se manifesterait dans l'univers matériel par l'attraction inexorable que tous les objets exercent l'un envers l'autre. Il existe bien, en effet, une telle attraction inexorable qui donne à l'univers sa cohésion, et les scientifiques l'appelle aujourd'hui « l'interaction gravitationnelle ».

Ce que nous serions alors en train de dire serait : « Oh, c'est la gravitation, la gravitation qui fait tourner le monde », et ce ne serait pas aussi sot que ça en a l'air, peut-être.

Mais quel était le point de départ qui a conduit le fil de mes pensées jusque là? Ah oui...

En mai 1977 j'ai publié un essai intitulé « Scintillez,

scintillez, micro-ondes », dans lequel je raconte l'histoire de la découverte des pulsars – minuscules étoiles à neutrons qui tournent rapidement sur elles-mêmes. Ces derniers ne sont pas plus larges en diamètre que la longueur de l'île de Manhattan, et pourtant peuvent contenir autant de masse qu'une étoile grandeur nature. Le premier pulsar à avoir été découvert accomplit une rotation autour de son axe en 1,3370209 secondes. C'est une rotation très rapide, même pour un objet aussi petit qu'un pulsar.

Pourquoi donc un pulsar tourne-t-il aussi vite?

Un pulsar est un reste de supernova, étoile géante qui a explosé. Une telle explosion envoie une partie de la masse stellaire dans l'espace sous la forme d'un vaste nuage de poussières et de gaz qui s'étend dans toutes les directions, tandis que les parties centrales s'effondrent en une étoile à neutrons extrêmement dense et petite (ou parfois en un trou noir).

A l'origine, l'étoile possède une certaine quantité de moment cinétique, qui dépend de la valeur de sa vitesse de rotation et de la distance moyenne de la matière qu'elle contient par rapport à l'axe de rotation.

Une des lois fondamentales de la nature dit que la quantité de moment cinétique d'un système isolé ne change pas. Quand une étoile explose, une partie du moment cinétique est emporté par le gaz et la poussière qui s'en vont en tourbillonnant, mais une bonne partie reste piégée dans les parties centrales en effondrement.

Quand le cœur de l'étoile, avec son moment cinétique, s'effondre la matière qui le compose est fortement rapprochée de l'axe de rotation. D'une distance de quelques millions de kilomètres, celle-ci est ramenée à seulement cinq kilomètres en moyenne. Ce seul fait en lui-même réduirait presque à néant le moment cinétique s'il n'y avait l'autre paramètre : la vitesse de rotation. Pour que le moment cinétique soit conservé comme il se doit, l'énorme réduction de distance par rapport à l'axe doit être compensée par un gigantesque accroissement de la vitesse de rotation.

Vous comprenez maintenant ce qui fait tourner le pulsar aussi vite. C'est l'effondrement de l'étoile engendré par l'inexorable attraction de sa propre gravitation. Et si nous identifions mystiquement la gravitation et l'amour, nous constatons effectivement que « l'amour fait tourner le monde! » (Vous suivez maintenant le fil de mes pensées...)

S'il est un fait, c'est que les pulsars ne tournent pas assez vite. Il devrait résulter une rotation propre considérablement plus rapide de leur contraction gigantesque. Peu après la découverte des pulsars, cependant, on découvrit des effets ralentisseurs. Les pulsars rejettent du rayonnement et des particules énergétiques, et perdent ainsi de l'énergie aux dépens de leur rotation. Par suite, la vitesse de rotation diminue. Une autre façon de l'expliquer est de dire que leurs émissions emportent du moment cinétique.

Des mesures montrent effectivement que les pulsars ralentissent régulièrement leur rotation. Par exemple, le premier pulsar découvert diminue de vitesse angulaire à un rythme tel que sa période sera doublée dans 16 000 000 ans.

Il s'ensuit que plus un pulsar est vieux – plus le laps de temps écoulé depuis l'explosion de la supernova qui l'a formé est grand – plus sa période de rotation devrait être longue.

En octobre 1968, les astronomes ont détecté un pulsar dans la Nébuleuse du Crabe, nuage de gaz qui s'est formé lors de l'explosion d'une supernova il y a 930 ans. C'est un temps extrêmement court, du point de vue astronomique; il n'est donc pas surprenant que le pulsar de la Nébuleuse du Crabe fut trouvé en possession d'une vitesse de rotation plus rapide que celles de tous les autres découverts auparavant. Le pulsar de la Nébuleuse du Crabe fait un tour sur lui-même en 0,0330999 seconde, soit 40,4 fois plus vite que le premier pulsar découvert. En présentant le phénomène d'une autre façon, on peut dire que ce pulsar fait 30,2 tours par seconde autour de son axe.

En 1982 plus de 300 pulsars ont été découverts et le pulsar de la Nébuleuse du Crabe détenait toujours le record.

Cela n'est également pas une surprise. Les pulsars sont de très petits objets et ne sont pas détectables à très grande distance, de sorte qu'ils ont seulement été détectés à l'intérieur de la Voie lactée, notre propre galaxie. Cela signifie que les supernovas qui les ont formés ont explosé dans la Voie lactée, et devraient vraisemblablement avoir été visibles à l'œil nu.

Deux supernovas connues seulement ont explosé dans notre galaxie depuis que la Nébuleuse du Crabe a été formée, et celles-ci sont respectivement survenues en 1572 et 1604. Les sites de ces deux supernovas n'on révélé aucun pulsar; mais toute supernova en forme pas nécessairement un pulsar, et tout pulsar formé ne tournoie pas nécessairement dans une direction telle que son flux de rayonnement et de particules balaye la Terre et soit détectable.

Ces deux supernovas éliminées, nous pouvons être assez sûr que nous ne détecterons *aucun* pulsar plus jeune, et donc plus rapide en rotation, que le pulsar de la Nébuleuse du Crabe. Les astronomes ont été si certains de ce fait qu'aucun d'entre eux n'a plus voulu perdre son temps à s'ennuyer à chercher un pulsar ultra-rapide qui n'existait pas.

Précisément, les astronomes ont dressé des listes de toutes les radio-sources détectables dans le ciel. De telles sources ne sont pas nécessairement des pulsars, mais peuvent être beaucoup d'autres choses : des nuages de gaz turbulents dans notre propre galaxie; des galaxies lointaines au centre desquelles se déroulent des événements catastrophiques; des quasars encore plus lointains.

Dans le Quatrième Catalogue de Cambridge des Radios-émetteurs il y avait une de ces sources, inventoriée sous le numéro 4C21.53. Elle était là sur la liste depuis le début des années 60 et personne ne s'en était préoccupé. La manière la plus vraisemblable d'expliquer son existence était de la prendre pour une galaxie lointaine, trop éloignée pour pouvoir être résolue optiquement mais suffisamment active pour que l'on détectât son émission radio.

Puis, en 1972, on observa son image radio scintiller alors qu'elle passait à travers le vent solaire : la position apparente de son image fluctuait de manière rapide et erratique.

La scintillation, au sens ordinaire, nous est très familière. La lumière qui traverse notre atmosphère est réfractée à un faible degré dans des directions imprévisibles lorqu'elle passe d'une région de l'air à l'autre de température différente. Si le faisceau lumineux est assez large, les petites déviations dans un sens sont compensées par de petites déviations dans le sens opposé de telle sorte que le faisceau entier semble régulier.

Ainsi une planète comme Mars ressemble à un simple point de lumière, même à sa plus grande proximité; mais c'est un point assez large pour que ses différentes parties scintillent différemment et que les effets se compensent. Mars, vu globalement, ne scintille pas.

Cependant, si nous observons Mars à travers un téléscope nous n'agrandissons pas seulement l'image entière mais aussi les scintillations. Quand nous essayons de voir les détails de la surface, nous observons que ces derniers sont brouillés par la scintillation. (C'est pourquoi il serait tellement mieux d'observer Mars de l'extérieur de l'atmosphère.)

Les étoiles sont cependant des objets d'apparence beaucoup plus petite que les planètes. Le faisceau de lumière d'une étoile est si fin, surtout en provenance d'une étoile faiblement lumineuse, qu'il est tout entier dévié de manière erratique en traversant l'atmosphère, et l'étoile scintille. La scintillation en elle-même témoigne de la petitesse de l'image optique de l'étoile.

De la même manière, quand 4C21.53 scintille en traversant le vent solaire, on doit en déduire que son faisceau de rayonnement est vraiment très fin. Cela ne serait pas surprenant si l'objet était réellement une galaxie lointaine, mais il est en fait dans la constellation de Vulpecula (« Petit Renard »), assez proche de la Voie lactée. Cela signifie que le faisceau d'ondes radio, s'il était originaire de l'extérieur de la galaxie, devrait voyager le long du grand axe de la Voie lactée pour atteindre nos instruments. Une fraction de ce rayonnement radio devrait être diffusée par la matière raréfiée qui occupe l'espace de notre galaxie (bien que raréfiée, elle reste beaucoup moins dense que la matière de l'espace intergalactique); par conséquent, quelqu'ait été la finesse du faisceau d'origine, celui-ci devrait être élargi au point de ne pas scintiller.

Le simple fait de scintiller, donc, montre que 4C21.53 est localisé *à l'intérieur* de notre galaxie, et que son faisceau d'onde radio parcourt une distance relativement courte pour nous parvenir, sans avoir le temps de s'élargir indûment au point de ne plus scintiller. Et s'il est si proche avec un faisceau encore assez fin pour scintiller 4C21.53 doit être un objet très petit.

Puis, en 1979, une étude du spectre du faisceau émis par 4C21.53 montra qu'il était fort dépourvu en hautes fréquences, plus pauvre que la plupart des radio-sources. Or c'est une caractéristique des pulsars d'être pauvres en hautes fréquences. Notre objet pouvait-il être un pulsar?

La question intrigua un astronome américain nommé Donald Backer et il commença à l'examiner sérieusement. Si 4C21.53 était assez petit pour être un pulsar, qu'il avait un spectre de pulsar, et que l'on pouvait donc conclure que c'en était bien un, pourquoi ne pulsait-il pas?

Quand un pulsar tourne rapidement, il émet deux flux d'ondes radio, un d'un côté et l'autre du côté opposé. A mesure de sa rotation, le premier flux puis le second parviennent en un point d'observation fixé. Si des instruments sont localisés en ce point, les ondes radio sont détectées en impulsions, avec un nombre d'impulsions par seconde qui dépend de la période de rotation.

Si les flux d'ondes radio ne passent pas dans notre direction, comme cela arrive probablement dans la majorité des cas, nous ne détectons rien du tout; mais si nous détectons les ondes radio, nous devons aussi détecter les impulsions. Si le pulsar est très éloigné, la diffusion par la matière interstellaire peut étaler les impulsions en un faisceau plus ou moins régulier et affaibli d'onde radio. Si le pulsar est très ancien, les impulsions peuvent être atténuées jusqu'à devenir indétectables. Cependant, 4C21.53 était assez proche (à 2 000 parsecs seulement) pour que ses impulsions dussent être distinctes, et son faisceau assez intense pour qu'elles fussent facilement détectables si présentes.

Il vint à l'esprit de Backer une explication raisonnable qui lèverait le mystère. Supposons que 4C21.53 tourne très rapidement, disons trois fois plus vite que le pulsar de la Nébuleuse du Crabe. Dans ce cas, ces impulsions ne pouvaient avoir été détectées, puisque les observations menées n'étaient pas adaptées pour des impulsions d'une telle rapidité. Il essaya de publier son hypothèse mais son article fut rejeté comme trop spéculatif; on lui suggéra que son idée était trop improbable.

Backer n'abandonna pas. Il essaya d'obtenir de plusieurs astronomes dans différents observatoires qu'ils tentent de déceler des impulsions ultra-rapides; mais au bout d'une période de trois ans, après avoir réussi à convaincre les intéressés d'essayer, ils n'aboutirent à rien. Un des problèmes (bien que Backer ne le sût pas à l'époque) provenait du fait que 4C21.53 était un conglomérat de trois sources radio distinctes très rapprochées, dont l'une était effectivement une galaxie lointaine. Cela embrouilla naturellement l'affaire quand les astronomes essayèrent de l'examiner scrupuleusement en détails.

En septembre 1982, Backer demanda aux astronomes du radio-télescope d'Arecibo à Puerto Rico d'examiner l'émission de 4C21.53 du point de vue de sa polarisation. Les pulsars exhibent de haut niveaux de polarisation, beaucoup plus que les autres radio-sources. Le rapport conclut que 4C21.53 montrait un taux de polarisation de 30 %, ce qui est très élevé même pour un pulsar.

C'était vraiment une bonne nouvelle, car Backer était maintenant plus convaincu que jamais qu'il tenait son pulsar.

Les observateurs d'Arecibo avaient même entraperçu d'éventuelles impulsions.

Backer vint lui-même à Arecibo, où il utilisa des instruments particulièrement sophistiqués pendant sept nuits. Le 12 novembre 1982, l'affaire était conclue : 4C21.53 était bien un pulsar et il reçut finalement le nouveau nom de PSR1937+214.

Il fut bientôt connu sous le nom de Pulsar Milliseconde, cependant, car il tournait autour de son axe en un peu plus d'un millième de seconde. Pour être exact sa période de rotation est de 0,001557806449023 seconde. Cela veut dire qu'il exécute 642 révolutions sur lui-même en une seconde. Ce n'est donc pas seulement 3 fois plus vite que le pulsar de la Nébuleuse du Crabe, comme l'avait supposé Backer, mais 21,25 fois plus vite.

Supposons que le Pulsar Milliseconde ait un diamètre de 20 km. Sa circonférence équatoriale fait donc 62,8 km. Un point de cette circonférence se déplace de 642 fois cette distance, soit 40 355 km, en une seconde. Ce point se déplace donc à 13,5 % de la vitesse de la lumière.

Un pulsar a une gravitation de surface énorme, mais même celle-ci est à peine suffisante pour maintenir sa propre cohésion contre l'accélération impliquée par un tel mouvement de rotation exceptionnel. Si le pulsar ne tournait que 3 fois plus vite, soit en gros 2 000 tours par seconde, il se démembrerait en pièces.

La question est maintenant : Qu'est-ce qui fait tourner si vite le Pulsar Milliseconde?

La réponse raisonnable est qu'il tourne si vite parce qu'il est flambant neuf. Quand le pulsar de la Nébuleuse du Crabe a été découvert tourner 30,2 fois par seconde autour de son axe après une durée de vie de 930 ans, les astronomes ont estimé par le calcul qu'il devait tourner 1 000 fois par seconde au moment de sa formation.

Eh bien, si le Pulsar Milliseconde tourne 642 fois par seconde aujourd'hui il a dû être formé il y a à peine moins d'un siècle; et si c'était le cas cela expliquerait tout.

Mais comment peut-il être si jeune? Dans ce cas il y aurait dû y avoir une brillante supernova à moins de 2 000 parsecs de là dans la constellation du Petit Renard, il y a à peine moins d'un siècle, pour marquer sa naissance; et cette supernova n'aurait pas été détectée?

Aucune supernova de la sorte n'a été observée. Peut-être pouvons nous invoquer quelque raison tortueuse pour expliquer pourquoi une telle supernova est restée invisible, mais cela mis à part il n'y a rien qui empêche les astronomes de regarder de plus près le pulsar tel qu'il est *actuellement*; et, naturellement, c'est ce qu'ils ont fait.

S'il y avait eu une supernova au site du Pulsar Milliseconde dans un passé très récent il resterait des traces manifestes de cette explosion aujourd'hui. La supernova de la Nébuleuse du Crabe qui eut lieu en 1054 ap. J.-C. a laissé derrière elle un nuage de poussière et de gaz en expansion encore nettement visible aujourd'hui. En effet, la Nébuleuse du Crabe *est* ce nuage même.

Il devrait donc y avoir un tel nuage au site du Pulsar Milliseconde, assurément de plus faible taille que celui de la Nébuleuse du Crabe, puisqu'il serait plus récent, mais par contre beaucoup plus actif.

Il n'y a aucun signe d'un quelconque nuage de la sorte, et cela doit signifier que la supernova est née il y a si longtemps que le nuage produit s'est dispersé depuis lors jusqu'à devenir indétectable. Cela vieillirait le Pulsar Milliseconde.

Nous sommes donc confrontés avec des signes contradictoires. Le tournoiement ultra-rapide dit « très jeune » tandis que l'absence de nébuleuse dit « plutôt vieux ». Lequel des deux dit vrai? Comment décider?

Une façon est de déterminer le taux de ralentissement de la vitesse de rotation. Dans le cas de tous les pulsars découverts avant 1982, la règle suivie est que plus le tournoiement est rapide plus le taux de ralentissement est grand.

Le Pulsar Milliseconde a donc été observé de jour en jour,

de semaine en semaine, et son taux de rotation soigneusement mesuré encore et encore.

Les astronomes ont été complètement surpris : le Pulsar Milliseconde ralentissait avec un taux de $1{,}26 \times 10^{-19}$ seconde par seconde. C'était un effet de ralentissement bien plus faible que chez tous les autres pulsars connus, bien que sa vitesse de rotation fût également la plus rapide de tous ces mêmes pulsars. Le taux de ralentissement du pulsar de la Nébuleuse du Crabe est 3 000 000 de fois plus grand que celui du Pulsar Milliseconde, bien que le premier tourne à moins de 5 % de la vitesse du dernier.

Pourquoi cela? Le sentiment général est que le ralentissement d'un pulsar provient de l'émission de particules et de rayonnement énergétiques contre la résistance de son propre champ magnétique extrêmement intense. Si le Pulsar Milliseconde ralentit si faiblement, il doit posséder un champ magnétique très faible et cela pourrait être le signe de sa vieillesse. D'autre part, les mesures semblent indiquer que la température de surface du Pulsar Milliseconde est inférieure à 1 500 000 K, ce qui est très élevé suivant la norme des étoiles ordinaires, mais assez faible en comparaison avec les autres pulsars : encore un signe de grand âge.

Tous les indices sauf un, donc – l'absence de Nébuleuse, la température basse, le faible champ magnétique, le taux de ralentissement de la rotation très faible – semblent confirmer la vieillesse du pulsar. En effet, d'après son taux de ralentissement, les astronomes supposent que le Pulsar Milliseconde est âgé de 500 millions d'années (et peut-être plus). Les pulsars ordinaires durent seulement 10 à 100 millions d'années avant de ralentir et de s'affaiblir à un point tel que leurs impulsions ne peuvent plus être détectées. Le Pulsar Milliseconde est déjà plus vieux que ce que l'on pensait être la durée de vie maximum d'un pulsar et, vu son taux de perte d'énergie insignifiant, il peut potentiellement vivre encore des milliards d'années.

Mais comment est-ce possible? Pourquoi, par-dessus tout, un si vieux pulsar tourne-t-il comme un nouveau-né?

La meilleure hypothèse avancée jusqu'ici est que le Pulsar Milliseconde a été formé il y a très longtemps, a ralenti sa rotation et s'est affaibli jusqu'à devenir indétectable (plusieurs millions d'années avant qu'il y eût quiconque sur Terre pour le détecter), puis a été ranimé d'une manière ou d'une autre relativement récemment.

Supposons, par exemple, qu'à l'origine le pulsar fasse partie d'un système double. (Il y a des cas connus de système double où l'une des deux étoiles est un pulsar, comme celui que j'ai mentionné à la fin du chapitre 4, et même certains cas où les deux étoiles sont des pulsars.)

Peu de temps après que le pulsar est devenu vieux et de faible intensité, son étoile normale partenaire entre dans le stade de géante rouge et se dilate. Les régions externes de la nouvelle géante rouge se répandent sous l'influence gravitationnelle du pulsar et forment un « disque d'accrétion » de matière en orbite autour de celui-ci.

Plus le champ magnétique du pulsar est faible, plus le disque d'accrétion est proche de celui-ci, et plus la matière en orbite sera entraînée rapidement sous le fouet gravitationnel de l'étoile minuscule.

La matière du disque d'accrétion, au bord intérieur, tourne autour du pulsar plus vite que le vieux et lent pulsar ne tourne autour de son axe. Il en résulte un transfert de moment cinétique du disque d'accrétion vers le pulsar. Le pulsar accélère sa rotation propre tandis que le disque ralentit.

Lorsque la matière du disque d'accrétion ralentit, elle amorce une spirale descendante vers le pulsar et accélère alors à nouveau, transférant de nouveau son moment cinétique vers celui-ci. Cette matière termine son mouvement spirale sur le pulsar lui-même, tandis que de la matière nouvelle pénètre sur le bord extérieur du disque en provenance de l'étoile partenaire. Finalement une bonne partie de la matière de l'étoile partenaire suivra ce même chemin et le vieux pulsar diminuera sa période de rotation jusqu'à atteindre le domaine de la milliseconde. L'étoile partenaire finira par disparaître ou bien deviendra de masse trop faible pour entretenir ses réactions nucléaires, terminant sa vie en naine noire – une grande planète, en quelque sorte.

La lente addition de la matière de l'étoile partenaire du pulsar ne lui rendra pas sa jeunesse. Le pulsar continuera à manquer d'une nébuleuse; il sera toujours froid et doté d'un faible champ magnétique; et parce qu'il garde un faible champ magnétique, il continuera de posséder un faible taux de ralentissement de sa rotation. Mais il tournera très vite, comme du temps de sa jeunesse.

Si cette hypothèse est correcte, bien que certains astronomes la réfutent avec vigueur, ce devrait être un scénario très fréquent. Les systèmes doubles sont extrêmement communs – plus communs que les étoiles isolées comme notre Soleil. Cela veut dire que la plupart des supernovas feraient partie de systèmes doubles, et que les pulsars conséquents seraient le plus souvent accompagnés d'une étoile normale comme partenaire. Or, si un système binaire contient un pulsar, l'étoile normale devrait fréquemment évoluer de manière à s'immoler sur le pulsar pour l'accélérer. Pour cette raison un examen attentif du ciel pourrait révéler d'autres pulsars vieux et rapides, peut-être même par douzaines.

Il reste encore une question intéressante.

La période de rotation du Pulsar Milliseconde est l'intervalle de temps mesuré avec le plus de précision que nous connaissons. Elle a été mesurée au mille-billionième de seconde près (jusqu'à la quinzième décimale!) et avec le temps nous pourrions devenir capables de faire encore un peu mieux.

D'autres pulsars sont également de bonnes horloges, mais ils sont sujets à de petites variations soudaines de leur période de rotation; ces dernières sont éventuellement dues à des variations internes de la structure du pulsar ou à l'arrivée de morceaux de matière extérieurs de bonne taille. Cela introduit une imprécision imprévisible dans l'horloge d'un pulsar ordinaire. Pour certaines raisons, de telles variations ne semblent pas se produire chez le Pulsar Milliseconde.

La vitesse de rotation du Pulsar Milliseconde n'est pas constante. Il ralentit perceptiblement. Tous les neuf jours un quart, sa période rallonge de un mille-billionième de seconde. Ce n'est pas vraiment beaucoup, puisqu'il faudrait 2,5 milliards d'années pour que sa période rallonge d'un milliardième de seconde au taux de ralentissement actuel. Il est facile de prendre en compte un tel ralentissement.

Quelle est l'utilité d'une telle horloge?

Eh bien, par exemple, le Pulsar Milliseconde peut être utilisé pour chronométrer le trajet de la Terre autour du Soleil. Les irrégularités de la trajectoire – les petites avances et les petits retards par rapport à la position théorique si la Terre et le Soleil étaient seuls dans l'univers – pourraient être mesurées avec une meilleure précision que jamais auparavant.

Ces décalages sont dus en grande partie aux perturbations introduites par les autres planètes sur le mouvement de la Terre. Ces perturbations, à leur tour, dépendent de la masse de ces planètes et de leur position variable avec le temps.

Connaissant les positions de ces planètes à travers l'observation directe, et avec une précision meilleure que jamais grâce à l'horloge du Pulsar Milliseconde, nous pourrions bien devenir capables de calculer la masse de ces nombreuses planètes avec une précision encore jamais atteinte (tout particulièrement celle des planètes les plus externes, Uranus et Neptune).

Et il n'est pas inconcevable que des applications plus quotidiennes apparaissent également.

Chimie

9

LES PROPRIÉTÉS DU CHAOS

En 1967, j'ai écrit un livre sur la photosynthèse, et il est possible que certains d'entre vous aient envie de m'interrompre sur ce point pour me demander que diable signifie ce mot. Qu'ils aient la foi! je l'expliquerai avant la fin de ce chapitre.

Je reconnais le fait qu'à l'époque les cinq syllabes de ce mot n'étaient pas faites pour inspirer l'amour ou la confiance au premier regard; mon intention était de donner au livre un titre dynamique qui attirât l'attention du lecteur et l'amenât à acheter l'ouvrage avant qu'il ne réalisât son contenu de biochimie modérément difficile.

Je n'avais pas exactement mon titre en tête, aussi je laissai mon imagination prendre un repos bien mérité et j'adoptai « Photosynthèse » comme titre provisoire. Quand j'eus terminé je n'avais toujours pas mon titre; je laissai par conséquent à mon éditeur, Arthur Rosenthal de Basic Books, le soin de s'en préoccuper.

En 1968, le livre fut édité et je reçus une copie : je découvris quelque peu embarrassé que le titre inscrit sur la jaquette était « Photosynthèse ». En effet, que vous me croyez ou non, ce titre était répété *quatre fois*.

Je dis en bredouillant : « Arthur, comment veux-tu vendre un livre avec un titre comme *Photosynthèse-Photosynthèse-Photosynthèse-Photosynthèse ?* »

Et il me répondit : « Mais tu n'as pas remarqué ce qu'il y a d'autre sur la jaquette? »

« Quoi donc? », demandai-je intrigué.

Il désigna le coin droit du bas de la jaquette où était écrit, en gros, *Isaac Asimov*.

Comme certains d'entre vous le savent, la flatterie marche toujours avec moi. Je partis donc d'un grand sourire et je trouvai finalement que le livre était bien comme ça. L'éditeur ne perdit pas d'argent sur ce dernier, mais pour être tout à fait franc ce ne fut pas un grand succès de librairie.

Ainsi il m'est venu à l'esprit de reprendre certains aspects du sujet dans le style agréablement informel que j'utilise dans ces chapitres; mais cette fois-ci j'utiliserai un titre accrocheur, bien que je suppose que ça ne suffise pas non plus à faire de ce livre un grand bestseller.

Commençons par la question de la nutrition. Les animaux, du plus petit ver à la plus grande baleine, ne peuvent vivre sans nourriture; or la nourriture par essence est les plantes. Tous autant que nous sommes, des centaines de billions d'insectes aux milliards d'êtres humains, nous nous gavons sans fin et impitoyablement du monde des plantes; ou des animaux qui ont mangé ces plantes; ou des animaux qui ont mangé ces animaux qui ont mangé ces plantes; ou...

Remontez la chaîne alimentaire des animaux et à la fin vous retrouverez toujours les plantes.

Pourtant le monde des plantes ne s'apauvrit pas. Les plantes continuent de pousser aussi indéfiniment et sans remords qu'elles sont mangées mais, d'aussi près qu'on puisse le voir par de simples observations non scientifiques, elles-mêmes ne semblent pas manger. Elles ont besoin d'eau; elles ont même besoin parfois d'être soutenues par un épandage soigneux d'éléments comme des excréments animaux. Mais nous hésitons à considérer cela comme de la « nutrition ».

Aux temps pré-scientifiques il semblait logique de supposer que les plantes étaient des objets d'un ordre tout à fait différent de celui des animaux. Bien sûr les plantes poussaient comme les animaux, et se développaient à partir de graines comme les animaux à partir d'œufs; mais cela apparaissait comme des ressemblances superficielles.

Les animaux se déplaçaient avec autonomie, respiraient et mangeaient. Les plantes ne faisaient aucune de ces choses, pas plus que les pierres. Le mouvement autonome, tout particulièrement, semblait un attribut essentiel de la vie; les animaux affichaient expressément leur vie au contraire des plantes (ou des pierres).

Cela semblerait être le point de vue de la Bible. Quand la terre ferme apparaît au troisième jour dans le récit de la création de la Genèse, Dieu est décrit en train de dire : « Que la terre produise de la verdure, de l'herbe portant de la semence, des arbres fruitiers donnant du fruit (...) » (Genèse 1.11). Il n'est pas fait mention de la vie comme propriété du monde des plantes.

Ce n'est pas avant le cinquième jour que la vie est mentionnée. Alors Dieu dit : « Que les eaux produisent en abondance les animaux vivants (...) Dieu créa les grands poissons et tous les animaux vivants qui se meuvent (...) (Genèse 1.20-21).

Les animaux sont caractérisés par le mouvement et la vie, apparemment étroitement liés. Les plantes n'ont ni l'un ni l'autre.

Dieu dit : « Et à tout animal de la terre, à tout oiseau du ciel, et à tout ce qui se meut sur la terre, ayant en soi un souffle de vie, je donne toute herbe verte pour nourriture. » (Genèse 1.30). En d'autres termes, les animaux mobiles sont vivants et les plantes immobiles sont simplement de la nourriture qui leur est fournie par la grâce de Dieu.

La qualité d'herbivore est clairement considérée comme l'idéal. La qualité de carnivore est seulement mentionnée après le Déluge, quand Dieu dit à Noé et ses fils : « Tout ce qui se meut et qui a vie vous servira de nourriture : je vous donne tout cela comme l'herbe verte. » (Genèse 9.3).

En général, la pensée occidentale a suivi les termes de la Bible (comme elle ne pouvait s'empêcher de faire, puisque la

Bible était considérée comme la parole inspirée de Dieu). La terre non-vivante et non-nourrissante était en quelque sorte convertie en plantes non-vivantes mais nourrissantes qui pouvaient servir de nourriture aux animaux vivants. Les graines, quand elles étaient semées, servaient d'agent de déclenchement pour la conversion terre-plantes.

La première personne à vérifier cette théorie de la croissance des plantes est un médecin flamand, Jan Baptista van Helmont (1580-1644). Il planta un jeune saule qui pesait 2,5 kilogrammes dans un pot qui contenait 100 kg de terre. Pendant cinq ans il laissa le saule pousser, l'arrosant régulièrement et recouvrant soigneusement la terre entre deux arrosages pour qu'aucune matière étrangère n'y pénètre et vienne perturber les résultats.

Après ces cinq ans, il retira de son pot le saule maintenant devenu grand et dégagea avec précaution toute la terre qui adhérait à ses racines. Le saule pesait alors maintenant 84,5 kg; il avait donc gagné 82 kg. La terre avait perdu au plus 1/16e de kilogramme.

C'est la première expérience biochimique quantitative connue dans l'histoire; pour cette raison plus que pour toute autre, elle prend une importance cruciale. De plus, elle a montré de manière définitive que la terre ne se convertissait pas en tissu végétal, excepté une infime fraction.

Puisque le seul autre matériau qui entre dans le système est l'eau, Helmont en déduit que le saule et probablement les plantes en général sont formés d'eau.

Le raisonnement semble inattaquable, d'autant que l'on sait depuis toujours que les plantes ne poussent pas si elles sont privées d'eau.

Et pourtant il est incorrect, parce que l'eau n'est *pas* le seul matériau autre que la terre qui entre en contact avec le saule. L'arbre est aussi en contact avec l'air, et Helmont aurait immédiatement reconnu le fait s'il lui avait été signalé. Seulement l'air, invisible, impalpable et apparemment immatériel, est toujours facile à ignorer. Helmont avait également d'autres raisons pour ne pas en tenir compte.

A son époque l'air et les substances voisines commence à être étudiées scientifiquement pour la première fois. En fait, c'est Helmont lui-même qui entamera leur étude.

Auparavant, des expérimentateurs chimistes avaient remarqué et rapporté que des vapeurs se formaient dans leurs préparations et venaient bouillonner en surface, mais ils les avaient tenues pour des variétés de l'air.

Helmont est le premier à étudier ces « airs » et à remarquer qu'ils ont parfois des propriétés fort distinctes de celle de l'air ordinaire. Certaines vapeurs sont, par exemple, inflammables; ce que l'air n'est en aucun cas. Helmont note que lorsque de telles vapeurs inflammables sont brûlées, des gouttelettes de liquide se forment parfois.

De nos jours, bien sûr, nous savons que la combustion de l'hydrogène donne de l'eau, et l'on peut être pratiquement sûr que c'est ce que Helmont a observé. Helmont, sans le bénéfice de nos lueurs d'après-coup, en vient à la conclusion plus simple qu'une telle sorte de vapeur inflammable (et donc, toutes les vapeurs, l'air ordinaire inclu) est une forme de l'eau. Il écarte donc naturellement l'air comme source de la substance du saule; c'est l'eau qui en est la seule source, que ce soit sous forme de liquide ou de vapeur.

Helmont note que l'eau liquide occupe un volume défini au contraire des vapeurs. Les vapeurs se répandent pour remplir l'espace, interpénétrant tout. Elles semblent manquer de cohésion, être des substances en désordre total.

Les Grecs pensaient que l'univers avait commencé par une sorte de substance en désordre total. Le terme qu'ils employaient pour désigner cette substance originelle est « Chaos ». Helmont désigna les vapeurs par ce mot, utilisant la prononciation flamande, ce qui épelé phonétiquement donna le mot « gaz ». Depuis lors nous appelons l'air un gaz et nous appliquons le terme à toute vapeur ou toute substance semblable à l'air.

Helmont étudie les propriétés du chaos; c'est-à-dire les propriétés des gaz. Il produit en brûlant du bois un gaz qui n'est pas inflammable et tend à se dissoudre dans l'eau (propriété que Helmont interprète naturellement comme la conversion en eau). Il l'appelle « gaz sylvestre » (gaz du bois) et c'est le gaz que nous connaissons aujourd'hui sous le nom de gaz carbonique. Il est dommage que Helmont n'ait pas eu les moyens de connaître la signification de sa découverte en liaison avec ses recherches concernant la croissance des plantes.

L'étude des gaz fait un autre bond en avant lorsqu'un botaniste anglais, Stephen Hales (1677-1761), apprend à les collecter avec une efficacité raisonnable.

Au lieu de leur permettre simplement de s'échapper dans l'air et d'être ainsi forcé de les étudier en vol, pour ainsi dire, il produit ses gaz dans une enceinte de réaction munie d'un long goulot qui s'incurve vers le bas puis de nouveau vers le haut. Ce long goulot peut être introduit dans une cuvette d'eau et son ouverture recouverte par un becher inversé également rempli d'eau.

Quand un gaz particulier est formé dans l'enceinte par réactions chimiques, il barbote à la surface des produits réagissants, remplit l'espace au-dessus, se répand à travers le long goulot incurvé jusque dans le becher inversé. Le gaz est ainsi collecté dans le becher, au repos, et les propriétés d'un chaos particulier peuvent être étudiées à loisir.

Hales prépare et étudie de cette façon un grand nombre de gaz, notamment ceux que nous appelons hydrogène, dioxyde de soufre, méthane, monoxyde de carbone et gaz carbonique. Il n'en tire pas grand-chose, cependant, car il persiste à penser que ce sont tous des variétés de l'air ordinaire.

Il était néanmoins impossible de travailler sur ces gaz sans arriver à la conclusion que l'air n'est pas une substance simple mais un mélange de gaz.

Un chimiste écossais, Joseph Black (1728-1799), s'intéresse au gaz carbonique et découvre, en 1756, que si ce dernier est mis en contact avec une substance commune appelée la chaux (oxyde de calcium), il la convertit en calcaire (carbonate de calcium).

Il remarque ensuite un fait crucial. Il n'a pas besoin d'utiliser le gaz carbonique laborieusement préparé pour ce propos. Il n'a simplement qu'à laisser la chaux au contact de l'air ordinaire. Le calcaire se formera spontanément, bien que beaucoup plus lentement que s'il utilise du gaz carbonique. Black en conclut que l'air contient du gaz carbonique en faible quantité, et il a tout à fait raison sur ce point.

En 1722, un autre chimiste écossais, Daniel Rutheford (1749-1819), élève de Black, fait brûler une bougie dans une enceinte d'air close. La bougie finit par s'arrêter de brûler, et plus rien ne voudra plus brûler dans cet air. Ni une souris y survivre.

A l'époque, on sait qu'une bougie qui brûle dégage du gaz carbonique; il est donc facile de conclure que l'air qui permettait la combustion a été remplacé par du gaz carbonique, connu pour l'interdire.

D'autre part il est également connu que le gaz carbonique est absorbé par certains produits chimiques (comme la chaux). L'air dans lequel la bougie a brûlé est passé sur ces produits et le gaz carbonique est effectivement retiré. Néanmoins la plus grande part de l'air reste intact, et ce qu'il en reste, bien que différent du gaz carbonique, ne permet pas la combustion. Rutheford avait isolé le gaz que nous appelons aujourd'hui azote.

Un autre chimiste anglais, Joseph Priestley (1733-1804), s'est aussi intéressé aux gaz. Il a étudié le gaz produit par la fermentation du grain (il vivait à côté d'une brasserie) et a découvert que c'était du gaz carbonique. Il a étudié ses propriétés, en particulier la manière dont il se dissout dans l'eau, et a découvert qu'une solution de gaz carbonique produit ce qu'il considérait (mais pas moi) comme une agréable boisson amère.

(Quand j'étais jeune, cette sorte d'eau carbonatée était appelée eau de seltz et pouvait être consommée pour un sou le verre. De nos jours elle est appelée Perrier et peut être achetée, je crois, pour près de dix francs le verre. Je refusai dans ma jeunesse d'investir un sou dans cette boisson aigrelette, et je refuse deux fois plutôt qu'une d'investir dix francs aujourd'hui.)

Priestley est le premier à conduire les gaz à travers le mercure au lieu de l'eau et réussit ainsi à collecter des gaz qui se seraient instantanément dissous dans l'eau en utilisant la méthode de Hales. De cette manière Priestley isole et étudie des gaz comme le chlorure d'hydrogène et l'ammoniaque.

Sa découverte la plus importante intervient en 1774. Quand le mercure est fortement chauffé à l'air, une poudre rouge brique se forme à sa surface. C'est le résultat de la combinaison (difficile) d'une partie de l'air avec le mercure. Si la poudre rouge est collectée et réchauffée à nouveau, la combinaison mercure-air se désagrège et le composant de l'air est libéré sous forme de gaz.

Priestley découvre que ce composant de l'air facilite grandement la combustion. Une chandelle fumante reprend une flamme active lorsqu'elle est placée dans un becher contenant ce gaz. Une souris confinée sous une atmosphère de ce gaz se comporte d'une manière folâtre inhabituelle, et quand Priestley en respire une bouffée cela le rend « léger et gai ». Ce n'est autre que le gaz que nous appelons aujourd'hui oxygène.

C'est le chimiste français Antoine Laurent Lavoisier (1743-1794), le plus grand chimiste de tous les temps selon l'assentiment général, qui débrouille cet écheveau. Ses expériences menées avec soin montrent, vers 1775, que l'air consiste en un mélange de deux gaz, l'azote et l'oxygène, dans un rapport approximatif de quatre pour un en volume. (Nous savons aujourd'hui qu'il y a de nombreux constituants mineurs dans l'air sec, qui comptent pour près de 1 % du total, dont 0,03 % de gaz carbonique.

Lavoisier montre que la combustion est le résultat de la combinaison chimique des substances avec l'oxygène de l'air. Par exemple, la combustion du charbon, qui est presque du carbone pur, est sa combinaison avec l'oxygène pour former du gaz carbonique. Quand l'hydrogène brûle, il se combine avec l'oxygène pour former de l'eau, qui ainsi consiste en une combinaison chimique de ces deux gaz.

Lavoisier suggère avec raison que la nourriture que nous mangeons et l'air que nous respirons se combinent ensemble, de sorte que la respiration est une forme de combustion lente. Cela veut dire que les êtres humains inhalent un air relativement riche en oxygène et exhalent un air comparativement appauvri de ce gaz et enrichi en gaz carbonique. Une analyse chimique précise de l'air exhalé confirme la validité de cette hypothèse.

Il y a maintenant une explication satisfaisante du fait qu'une bougie qui brûle dans un récipient clos finit par s'éteindre; qu'une souris confinée dans une telle chambre finit par mourir, et que l'air restant ne peut plus convenir à la combustion d'une autre bougie ou à la respiration d'une autre souris.

Il se passe que le brûlage ou la respiration consomment progressivement l'oxygène de l'air et le remplacent par du gaz carbonique, laissant inchangé le contenu en azote. Un air composé d'un mélange d'azote et de gaz carbonique ne peut entretenir ni combustion ni respiration.

Cela soulève un problème intéressant. Tout animal vivant respire en permanence, inhalant de l'air à 21 % d'oxygène et exhalant de l'air à 16 % seulement d'oxygène. Assurément, il devrait y avoir un moment où le contenu en oxygène de toute l'atmosphère serait diminué au point de rendre la vie impossible.

Ce moment aurait dû intervenir en moins de temps qu'il ne s'est écoulé depuis les débuts connus de l'histoire de la civilisation; nous devons en conclure que quelque chose remplace l'oxygène au même rythme qu'il est utilisé. Mais quoi?

Le premier indice de réponse à la question vint de Priestley lui-même avant qu'il ne découvrît l'oxgène.

Priestley avait enfermé une souris dans un récipient d'air clos et la souris avait fini par mourir. L'air alors contenu sous le récipient n'aurait pu maintenir en vie aucun animal et Priestley se demanda s'il pouvait aussi tuer les plantes. Dans ce cas, cela aurait montré que les plantes sont également une forme de vie, ce qui aurait été une conclusion intéressante quoique contraire à la Bible (cette contradiction n'aurait pas préoccupé Priestley, qui était unitarien et donc radical du point de vue religieux – soit dit en passant, il était également radical du point de vue social).

En 1771, Priestley met un brin de menthe dans un verre d'eau et le place dans une enceinte où une souris a vécu jusqu'à en mourir. La plante ne meurt pas. Elle pousse pendant des mois et semble s'épanouir. En outre, au bout de cette période une souris peut être placée dans l'air clos et vivre une bonne durée; de même une bougie introduite dans l'enceinte continue à brûler un certain temps.

Bref, la plante semble avoir revitalisé l'air que l'animal avait appauvri.

En termes actuels, nous dirions que les animaux consomment de l'oxygène et que les plantes en produisent. La combinaison des deux processus laisse le pourcentage global d'oxygène dans l'atmosphère inchangé.

Les plantes accomplissent la double tâche de fournir à la vie animale des réserves sans fin d'oxygène et de nourriture; par conséquent, bien que les animaux (vous et moi inclus) respirent et mangent constamment, il y a toujours plus d'oxygène et de nourriture en existence pour respirer et manger.

Assez d'éléments avaient maintenant été réunis pour qu'il apparût clairement que les plantes étaient aussi vivantes que les animaux et qu'il fût possible d'en dégager comment les deux grandes branches de la vie s'équilibraient ensemble.

La nourriture, que ce soit celle des animaux ou des tissus végétaux, est riche en atomes de carbone et d'hydrogène, C et H. (La théorie atomique fut établie en 1803 et adoptée par les chimistes assez rapidement.) Quand la nourriture se combine avec l'oxygène, elle forme du gaz carbonique (CO_2) et de l'eau (H_2O).

La combinaison de substances contenant de l'hydrogène et du carbone avec l'oxygène est généralement libératrice d'énergie. L'énergie chimique des substances carbone-hydrogène est convertie dans le corps en énergie cinétique quand les muscles se contractent, ou en énergie électrique quand les nerfs conduisent des impulsions, etc. On peut dont écrire :

nourriture + oxygène = gaz carbonique
+ eau + énergie cinétique, etc.

Avec les plantes, c'est la voie inverse :

lumière + gaz carbonique + eau = nourriture + oxygène

Il en résulte que plantes et animaux, travaillant ensemble, maintiennent l'équilibre entre d'un côté nourriture + oxygène et de l'autre eau + gaz carbonique; de telle sorte que globalement les quatre composants restent en quantité constante, sans s'accroître ni décroître.

Une fois que Lavoisier eut expliqué la combustion et posé la chimie sur ses bases modernes la question de l'activité des plantes suscita un intérêt renouvelé.

Un botaniste hollandais, Jan Ingenhousz (1730-1799) entend parler des expériences de Priestley et décide d'aller plus loin. En 1779 il mène plusieurs expériences conçues pour étudier la manière dont les plantes revitalisent l'air vicié; il découvre que les plantes ne produisent leur oxygène qu'en présence de lumière. Elles le font le jour mais pas la nuit.

Un botaniste suisse, Jean Senebier (1742-1809), confirme les découvertes de Ingenhousz en 1782 et va plus loin. Il montre qu'une autre chose est nécessaire pour la production d'oxygène par les plantes : elles doivent également être exposées au gaz carbonique.

L'époque est alors mûre pour répéter les expériences de Helmont vieilles d'un siècle et demi à la lumière d'un nouveau savoir. C'est ce que réalise le botaniste suisse Nicolas Théodore de Saussure (1767-1845). Il fait pousser une plante dans une enceinte close sous une atmosphère contenant du gaz carbonique, et mesure précisément la quantité de ce gaz consommé par la plante et son gain de poids en tissu. Le poids du tissu gagné est considérablement plus grand que le poids du gaz carbonique consommé, et de Saussure montre de manière convaincante que la seule source possible de poids restante est l'eau : Helmont avait partiellement raison.

Le seul changement irréversible est la conversion de la lumière en énergie cinétique ou autre. Ce phénomène s'est poursuivi depuis que la vie existe et pourra se perpétuer sur Terre aussi longtemps que le Soleil continuera de rayonner à peu près de la manière actuelle. Cela a été reconnu et établi pour la première fois par le physicien allemand Julius Robert von Mayer (1814-1878).

Comment cet équilibre à double sens a-t-il réussi à s'établir? Nous pouvons spéculer sur la question.

A l'origine, c'est probablement le rayonnement ultra-violet du Soleil qui a fourni l'énergie pour élaborer des molécules relativement grandes à partir des plus petites dans l'océan primitif dépourvu de vie. (La conversion de petites molécules en grandes fait généralement intervenir un apport d'énergie; l'opération inverse s'accompagne généralement d'un dégagement d'énergie.)

Enfin, quand des molécules assez grandes et complexes pour posséder les propriétés de la vie ont été formées, ces dernières ont pu utiliser (comme nourriture) des molécules intermédiaires (assez complexes pour libérer de l'énergie en se dissociant, mais pas assez pour être vivantes et capables de résister).

L'énergie du Soleil, travaillant au petit bonheur, n'a pas formé tant de molécules intermédiaires, cependant, capables de soutenir une quantité importante de vie.

Il était dans l'intérêt, donc, des systèmes vivants de former des membranes autour d'eux-mêmes (devenant des cellules) qui pourraient permettre le passage des petites molécules vers l'intérieur. Si les systèmes vivants possédaient des dispositifs capables d'utiliser l'énergie solaire pour construire des molécules, ces petites molécules seraient intégrées en de plus grandes avant qu'elles aient eu la chance de ressortir; et les grandes une fois formées ne pourraient pas sortir non plus.

De cette façon, ces cellules (les prototypes des plantes) auraient vécu dans un micro-environnement riche en nourriture et se seraient épanouies dans une mesure beaucoup plus large que les formes de vie pré-cellulaires, incapables de fabriquer directement de la nourriture à travers l'utilisation de l'énergie solaire.

D'autre part, les cellules dépourvues de la capacité d'utiliser directement l'énergie solaire pour élaborer leur nourriture pouvaient encore s'épanouir si elles développaient des moyens de chiper le contenu de nourriture des cellules capables. Ces cellules chipeuses furent les prototypes des animaux.

Et ces chipeuses ne sont-elles que des parasites, sans plus?

Peut-être pas. Si les plantes avaient été seules, elles auraient concentré toutes les petites molécules disponibles dans leurs propres tissus; leur croissance et leur développement auraient par la suite été lents. Les animaux ont servi à dissocier une proportion convenable du contenu complexe des cellules végétales et permis une croissance, un développement et une évolution soutenus du monde végétal avec un taux beaucoup plus grand qu'il aurait été possible autrement.

Les molécules de nourriture sont bien plus grandes et plus complexes que les molécules de gaz carbonique et d'eau. Les deux dernières sont faites de trois atomes chacune alors que les molécules de nourriture caractéristiques sont constituées d'entre une douzaine et un million d'atomes.

La constitution de grandes molécules à partir de petites est appelée « synthèse » par les chimistes, du mot grec signifiant : « mettre ensemble ». D'une manière caractéristique, tandis que les animaux dissocient des molécules de nourriture en les combinant avec l'oxygène pour former du gaz carbonique et de l'eau, les plantes synthétisent des molécules de nourriture à partir de gaz carbonique et d'eau.

Les plantes réalisent cela en utilisant l'énergie de la lumière. Cette forme particulière de synthèse est donc appelée « photosynthèse », le préfixe « photo » venant du mot grec pour « lumière »... Ne vous avais-je pas dit que je vous expliquerai le mot?

Et j'ai encore beaucoup de choses à dire à son sujet dans le prochain chapitre.

10

VERT, VERT, VERT, EST LA COULEUR...

Quand j'ai acheté la machine à écrire électrique sur laquelle je suis en train de taper le premier jet de ce chapitre (la version finale sera tapée sur mon traitement de texte), le vendeur a terminé sa démonstration en m'assénant une dernière question.

« De quelle couleur la voulez-vous? », me demanda-t-il, et de me présenter une page où les différentes couleurs étaient illustrées de la plus vivante manière.

C'était pour moi une question assez ennuyeuse, car je n'ai aucun sens visuel et je ne me soucie généralement pas de la couleur des objets. En regardant les échantillons d'un air songeur, je fus frappé par le fait que j'avais déjà eu des machines à écrire de toutes les couleurs proposées sauf le vert. Je demandai donc le vert, et ma machine à écrire arriva enfin.

Sur quoi Janet (ma tendre épouse) manifesta sa stupéfaction. « Pourquoi as-tu choisi ce vert? » demanda-t-elle.

Je lui expliquai.

Elle me dit : « Mais ton tapis est bleu. Ne l'as-tu pas remarqué? »

Je regardai le tapis, que j'avais seulement depuis sept ans, et, ma foi, elle avait raison. Je répondis : « Où est le problème? »

« La plupart des gens penseraient que le vert et le bleu sont discordants. »

Je réfléchis et dis : « L'herbe est verte et le ciel est bleu, et les gens sont toujours en train de parler des beautés de la nature. »

Pour une fois j'avais le dernier mot. Elle rit et me dit jamais plus un mot au sujet de ma machine à écrire verte.

Pour ma part, cependant, je me propose de passer quelque temps à vous parler du vert.

Dans le chapitre précédent, j'ai expliqué que les animaux combinent les molécules complexes de nourriture avec l'oxygène de l'air et par ce processus les dissocient en molécules relativement plus simples de gaz carbonique et d'eau. L'énergie libérée par ce moyen est utilisée par le corps de l'animal dans tous les processus consommateurs d'énergie caractéristiques de la vie : contraction musculaire, influx nerveux, secrétion des glandes, action des reins, etc.

Les plantes, pour leur part, utilisent l'énergie de la lumière du Soleil pour inverser le processus ci-dessus : elles combinent du gaz carbonique et de l'eau pour former des molécules complexes et libèrent de l'oxygène dans la photosynthèse.

Les plantes et les animaux pris ensemble interviennent en qualité de médiateurs dans un cycle chimique qui maintient la quantité de molécules complexes, d'oxygène, d'eau et de gaz carbonique dans un état stationnaire. L'unique changement permanent est la conversion de l'énergie solaire en énergie chimique.

La question soulevée est : Qu'est-ce qui rend les plantes et les animaux si différents? Qu'y a-t-il chez les plantes qui leur permet d'utiliser la lumière du Soleil pour la photosynthèse; et qu'y a-t-il chez les animaux qui leur interdit de faire la même chose?

Avant de plonger dans les pronfondeurs des cellules et des molécules en quête de quelque chose de très subtil et délicat, nous ferions bien de faire un pas de recul et de regarder si, par chance, il n'y aurait pas un élément remarquable qui répondrait à notre question.

Il pourrait sembler que nous n'avons aucune chance de trouver quoi que ce soit en surface, puisque Mère Nature a tendance à garder ses petits secrets sous son chapeau, pourtant un point évident se détache d'emblée.

Toutes les plantes, ou tout du moins la grande majorité, sont vertes! D'autre part, bien que les animaux arborent une grande variété de couleurs le vert brille par son absence dans leur règne.

Ces faits ne sont pas totalement universels (il vaut mieux que je le dise avant qu'un lecteur le fasse). Il y a des formes de vie qui ressemblent à des plantes par de nombreux points – elles poussent du sol, possèdent de la cellulose et présentent plusieurs autres propriétés physiques et chimiques associées aux plantes – et qui néanmoins ne sont pas vertes. L'exemple le plus familier en sont les champignons.

De même il y a des perroquets qui, quoique indubitablement animaux, possèdent un plumage d'un vert frappant. (Il n'y a cependant pas la moindre similarité chimique entre le vert des plumes de perroquets et le vert de l'herbe.)

Ces exceptions sont insignifiantes et ne remettent pas en cause le fait général que les plantes sont vertes et que les animaux ne sont pas verts.

Peut-être, cependant, est-ce une coïncidence. Peut-être les deux contrastes, vert/non-vert et photosynthèse/non-photosynthèse, n'ont-ils rien à voir l'un avec l'autre.

Ce n'est pas le cas! Quand les plantes ont à la fois des parties vertes et non vertes c'est invariablement dans les parties vertes que la photosynthèse a lieu. Ainsi dans un arbre ce sont dans les feuilles vertes que nous trouvons la photosynthèse et non dans le tronc brun ou les fleurs multicolores. De même dans les champignons, végétaux qui ne possèdent aucune partie verte, il n'y a pas de photosynthèse. Ces derniers, comme les animaux, ne peuvent croître que si des molécules complexes sont mises à leur disposition d'une manière ou d'une autre.

Pour cette raison on dit souvent que la photosynthèse a lieu non dans les plantes en général, mais dans les plantes *vertes*, pour éviter toute généralisation abusive.

Pourquoi donc la couleur devrait-elle avoir un rapport avec la photosynthèse? Rappelez-vous que le processus requiert l'utilisation de l'énergie solaire.

Si la lumière du soleil passait droit à travers la plante, elle ne pourrait pas être utilisée pour fournir l'énergie nécessaire. Il en serait de même si la lumière était entièrement réfléchie. Dans le premier cas la plante serait entièrement transparente, et blanche dans le second cas; dans l'un ou l'autre, elle ne pourrait pas effectuer de photosynthèse.

Afin que la photosynthèse ait lieu, la lumière du Soleil doit être arrêtée et absorbée par la plante. Si toute la lumière était absorbée, celle-ci serait noire, mais une telle absorption intégrale n'est pas nécessaire.

La lumière solaire est un mélange d'un grand nombre de longueurs d'onde différentes, avec un quantum d'énergie spécifique correspondant à chaque longueur d'onde. (Plus la longueur d'onde est grande plus le quantum d'énergie est petit.)

Pour qu'une réaction chimique particulière ait lieu il faut fournir une quantité particulière d'énergie; or les quanta qui fournissent juste la quantité appropriée sont les plus efficaces. Dans le cas de la photosynthèse c'est la lumière rouge qui est la plus efficace, et c'est une bonne chose. La lumière rouge a la longueur d'onde la plus grande de la lumière visible et peut pénétrer la brume et les nuages plus facilement que le reste de cette lumière; elle est également moins diffusée quand le Soleil est bas sur l'horizon. Les plantes font donc bien de dépendre de la lumière rouge plutôt que de toute autre forme de lumière visible.

Dans ce cas, pourquoi s'ennuyer à développer un système photosynthétique qui absorbe autre chose en plus que la lumière rouge? Absorber les longueurs d'onde plus courtes ne servirait à rien, nécessiterait le développement de composés spéciaux aux capacités requises et éleverait inutilement la température des plantes.

Les plantes ont un système photosynthétique, donc, qui tend à absorber la partie rouge de la lumière solaire et à réfléchir le reste. La lumière solaire réfléchie, appauvrie de la partie rouge absorbée, donne la couleur verte; par conséquent les plantes qui effectuent la photosynthèse sont naturellement vertes, et l'on peut s'attendre à ce que toute plante verte soit capable de photosynthèse. Les deux facteurs, couleur verte et photosynthèse, sont intimement liés; le fait que l'un accompagne l'autre n'est pas une coïncidence.

Nous devons aller au-delà de la simple verdeur, néanmoins.

Si un morceau de tissu végétal est vert, c'est seulement parce qu'il contient un produit chimique spécifique qui absorbe la lumière rouge, réfléchit le reste, et est donc vert lui-même.

Deux chimistes français, Pierre Joseph Pelletier (1788-1842) et Joseph Bienaimé Caventou (1795-1877) se sont particulièrement consacrés à isoler des composés chimiques d'importance biologique des tissus végétaux. Parmi les produits qu'ils ont été les premiers à isoler, entre 1818 et 1821, figurent des alcaloïdes comme la strychnine, la quinine et la caféine.

Avant même, en 1817, ils ont extrait le produit qui contient le colorant vert des plantes et ont été les premiers à lui donner son nom. Ils l'ont appelé « chlorophylle », d'après les mots grecs signifiant « feuille verte ».

Ce pas est important mais ce n'est que le premier. Certes, Pelletier et Caventou ont examiné une solution verte dans un tube à essai et lui ont donné un nom, mais qu'est-ce que la chlorophylle?

En 1817 la théorie atomique n'a que dix ans à peine et les chimistes n'ont aucun moyen de venir à bout de l'arrangement d'atomes d'une molécule complexe. Ce n'est qu'en 1906 que le chimiste allemand Richard Willstätter (1872-1942) s'attaque sérieusement au problème de la structure atomique de la chlorophylle.

Il est le premier à préparer la chlorophylle sous une forme suffisamment pure et découvre qu'elle est composée de deux produits très voisins qu'il appelle « chlorophylle-a » et « chlorophylle-b ». Les deux diffèrent légèrement dans leur façon d'absorber la lumière solaire.

Ayant obtenu des produits purs, il est capable d'étudier les différents éléments en présence avec une grande fiabilité, assuré que ces éléments appartiennent bien aux molécules de chlorophylle et non à d'éventuelles impuretés. La chlorophylle contient des atomes de carbone, d'hydrogène, d'oxygène et d'azote, mais ce n'est pas une surprise. A l'époque de Willstätter on sait que pratiquement toutes les molécules complexes des organismes vivants (les molécules dites organiques) contiennent du carbone, de l'hydrogène, et de l'oxygène, et qu'une bonne proportion d'entre elles contiennent également de l'azote.

Willstätter découvre cependant que la chlorophylle contient aussi des atomes de magnésium. C'est la première molécule organique que l'on découvre contenant cet élément.

Aujourd'hui, nous savons que chaque molécule de chlorophylle-a contient 137 atomes, tandis que chaque molécule de chlorophylle-b en contient 136. Les premières sont à présent connues pour posséder 72 atomes d'hydrogène, 55 atomes de carbone, 5 atomes d'oxygène, 4 atomes d'azote et 1 atome de magnésium. Les secondes ont deux atomes d'hydrogène de moins et un atome d'oxygène de plus.

Quand on connaît le nombre total d'atomes d'une molécule et le nombre de chaque sorte, on ne connaît pas grand-chose. Ce qui compte est l'arrangement de ces atomes; or 136 ou 137 atomes de cinq sortes distinctes peuvent s'arranger en un nombre astronomique de manières différentes.

Une façon d'obtenir une indication de l'arrangement est de casser, en quelque sorte, la molécule complexe en fragments plus simples que l'on peut étudier. Un fragment donné peut ne contenir pas plus d'une douzaine d'atomes de trois sortes distinctes, qui ne peuvent convenablement s'ajuster ensemble que de deux ou trois manières différentes. Il est même possible que l'expérience du chimiste le conduise à supposer qu'un arrangement particulier est plus probable que tous les autres.

Ensuite, pour établir définitivement la question, le chimiste peut synthétiser plusieurs molécules qui contiennent le nombre requis d'atomes de chaque sorte dans chacun des arrangements également probables et comparer chacun avec le fragment obtenu de la molécule de chlorophyllc. Quand unc identité de propriétés se manifeste il sait que son fragment est équivalent à la molécule synthétisée correspondante.

De cette manière Willstätter découvre que parmi les fragments des molécules de chlorophylle on trouve de petites molécules qui contiennent quatre atomes de carbone et un atome d'azote, ces cinq atomes étant arrangés en cycle. Le cycle le plus simple d'entre eux a un atome d'hydrogène attaché aux cinq atomes du cycle. Ce composé a été appelé « pyrrole » par le chimiste allemand Friedlieb Ferdinand Runge (1795-1867), qui l'a isolé pour la première fois en 1834. Le nom provient d'un mot grec signifiant rouge feu, car lorsque le pyrrole est traité avec certains acides il forme une subtance d'un rouge vif.

Il semble alors logique de supposer que la chlorophylle consiste en cycles de pyrrole arrangés de manière à produire une configuration encore plus complexe. En 1912 le chimiste William Küster propose l'hypothèse que quatre cycles de pyrrole s'arrangent en un cycle plus grand, chaque couple de pyrroles étant lié par un pont qui consiste en un unique atome de carbone.

Un tel composé constitué par un cycle de cycles de pyrrole est appelé « porphyrine », terme introduit par le biochimiste allemand Félix Hoppe-Seyler (1825-1895) dans les années 1860. « Porphyrine » vient du mot grec signifiant violet, car c'est la couleur de beaucoup de ces composés.

Quand Willstätter achève son travail, donc, il semble bien établi que la molécule de chlorophylle possède un cycle de porphyrine en son cœur, mais il reste nombre de détails qui demandent à être élucider.

Le cycle de cycles de la porphyrine possède de nombreuses symétries dans l'arrangement de ses atomes qui contribuent à la stabilité de la molécule (le chimiste américain Linus Pauling – né en 1901 – a démontré les propriétés de ce type, déduites de son travail révolutionnaire d'application de la mécanique quantique à la structure des molécules, il y a une cinquantaine d'années). Par conséquent, la structure de la porphyrine, avec son squelette cyclique composé de 20 atomes de carbone et de 4 atomes d'azote, est communément rencontrée dans les organismes, incluses dans de nombreux composés essentiels à la fois chez les animaux et les plantes et pas seulement dans la chlorophylle.

Ainsi chez beaucoup d'animaux (l'homme y compris) il existe une porphyrine violacée appelée « hème ». Cet hème, quand il est lié à une protéine appropriée, forme l'hémoglobine, la substance rouge qui absorbe l'oxygène aux poumons ou aux ouïes et le délivre aux tissus cellulaires. En se combinant avec d'autres protéines, l'hème forme des enzymes qui interviennent dans la manipulation de l'oxygène par les cellules; ces enzymes se retrouvent de manière universelle dans toutes les cellules utilisatrices d'oxygène, végétales ou animales.

C'est un exemple caractéristique de l'économie de la nature que le même cycle de cycles puisse, avec une légère modification, produire la chlorophylle verte si essentielle aux plantes et l'hème si utile aux animaux (tandis que dans la chlorophylle la couleur verte est essentielle, la couleur violette de l'hème n'est qu'un simple à-côté et ne joue aucun rôle dans son fonctionnement).

Mais comment le cycle de porphyrine est-il modifié pour former tel ou tel composé?

Les quatre cycles de pyrrole sont arrangés de sorte que l'atome d'azote pointe vers le centre. Les deux atomes de carbone adjacents à ce dernier interviennent dans la formation du grand cycle (ce sont ceux par lesquels les cycles de pyrrole se « tiennent par la main »).

Cela laisse libre les deux atomes de carbone au bord extérieur du cycle de pyrrole. Chacun de ces huit atomes de carbone (deux par pyrolle) peut être relié à une chaîne latérale constituée d'un ou plusieurs atomes de carbone, auxquels sont reliés à leur tour d'autres atomes possibles. Quelles sont donc les chaînes particulières en présence, et où chacune se situe-t-elle sur le cycle de porphyrine?

Le chimiste allemand Hans Fischer (1881-1945) s'est attaqué au problème dans les années 1920. Il a travaillé sur l'hème : après avoir démembré les chaînes latérales il a étudié et analysé le mélange résultant. Il a montré que chaque molécule d'hème a quatre chaînes latérales constituées d'un atome de carbone accompagné de 3 atomes d'hydrogène (« groupe méthyle »); deux autres constituées de 2 atomes de carbone et 3 atomes d'hydrogène (« groupe vinyle ») et deux chaînes constituées de 3 atomes de carbone, 5 atomes d'hydrogène et 2 atomes d'oxygène (« groupe acide propionique »).

Ces huit groupes de trois sortes différentes peuvent être arrangés de quinze manières distinctes autour du squelette cyclique de porphyrine. Laquelle est la bonne?

Fischer avait développé des méthodes pour synthétiser des molécules de porphyrine complétée par des chaînes latérales. Il adopta donc une stratégie d'attaque en masse. Il confia à quinze étudiants la tâche de synthétiser une molécule de porphyrine avec un arrangement particulier des chaînes latérales, de façon à réaliser tous les cas de figure. En 1929 il fut capable de montrer laquelle parmi les quinze était correcte. Le bon arrangement s'enchaînait dans l'ordre suivant, en tournant autour du cycle de porphyrine : méthyle, vinyle, méthyle, vinyle, méthyle, acide propionique, acide propionique, méthyle.

Fischer poursuivit ses recherches en s'attaquant à la chlorophylle. A l'évidence, il devait y avoir des différences, la plus grande étant que l'hème a un atome de fer au centre de son cycle de porphyrine tandis que la chlorophylle a un atome de magnésium. Cependant, si ces deux atomes sont éjectés de l'un et de l'autre, ce qui reste n'est pas identique. Il y a également d'autres différences.

Pour commencer, les quatre groupes méthyle sont à la même place dans la porphyrine-chlorophylle que dans la porphyrine-hème. De même pour les groupes vinyle, excepté que dans la seconde sont ajoutés deux atomes d'hydrogène pour former un « groupe éthyle ». Les groupes acide propionique sont à la même place que dans l'hème mais sont considérablement modifiés. Un de ces groupes se replie pour se combiner avec le cycle de pyrrole adjacent et former un cinquième cycle; de plus un atome de carbone additionnel lui est ajouté. L'autre pendille librement mais une longue chaîne de 20 atomes de carbone (le « groupe phytille ») lui est attaché.

Cela concerne tout du moins la chlorophylle-a. Dans la chlorophylle-b, un des groupes méthyle est converti en « groupe aldéhyde », constitué d'un carbone, un hydrogène et un oxygène.

Cette description de la structure de la chlorophylle fut déduite de l'analyse des fragments menée par Fischer, mais la confirmation ne pouvait venir qu'avec l'élaboration d'une telle structure en laboratoire. Si la molécule synthétique s'avérait identique à la molécule naturelle pour toutes ses propriétés, la structure eût été confirmée au-delà du doute raisonnable.

La chlorophylle a néanmoins une structure plus complexe que l'hème, et sa synthèse échappa à Fischer. Elle ne fut pas réalisée avec succès avant 1960, quand le chimiste américain Robert Burns Woodward (1917-1979) réussit l'opération : la structure fut alors confirmée.

Une fois que nous tenons la chlorophylle, que nous pouvons même la synthétiser, ne serait-il pas possible de court-circuiter le monde végétal? Peut-être pouvons-nous isoler la chlorophylle et la faire travailler dans des installations chimiques. En lui projetant de la lumière et en lui fournissant les conditions favorables, ne pourrions-nous pas l'amener à convertir du gaz carbonique et de l'eau en substances nutritives avec un haut rendement, évitant ainsi le recours à la structure et au fonctionnement des plantes avec tous les efforts perdus à les entretenir?

Eh non! Mettez de la chlorophylle dans un tube à essai et exposez-la à la lumière : elle ne photosynthétise *pas*. Même si vous extrayez d'autres composés aussi présents dans les cellules végétales et les ajoutez à la chlorophylle la photosynthèse n'aura pas lieu. A ce qu'il semble, au sein des cellules végétales la chlorophylle fait partie d'un système compliqué et bien organisé qui fonctionne comme un tout pour mener à bien un processus photosynthétique en plusieurs étapes. La chlorophylle rend l'étape clef possible et sans elle rien ne peut se produire, mais l'étape clef n'est pas suffisante en elle-même.

Un organisme est fait de cellules, mais aucune n'est une goutte de protoplasme inorganisé. En effet, à l'intérieur de chaque cellule se trouvent des structures encore plus petites appelées organites, eux-mêmes hautement organisés. Par exemple, un type d'organites importants présents dans pratiquement toutes les cellules sont les chromosomes, qui contiennent la machinerie génétique permettant la reproduction.

Un autre exemple sont les mitochondries, centrales énergétiques de la cellule, qui contiennent un système complexe d'enzymes organisé pour permettre la combinaison de la nourriture et de l'oxygène de façon à produire de l'énergie de manière contrôlée et utile.

Au sein des cellules végétales, il s'avère que la chlorophylle est aussi confinée dans certains organites. Cela a été démontré pour la première fois par le physiologiste végétal Julius von Sachs (1832-1897). Ces organites ont fini par être désignés sous le nom de chloroplastes.

Les chloroplastes sont de grands organites – deux à trois fois plus longs et épais que les mitochondries, par exemple –

et il n'est pas surprenant que leur structure soit aussi plus complexe.

L'intérieur du chloroplaste est composé d'un grand nombre de fines membranes qui s'étendent sur toute la largeur de l'organite. Ce sont les lamelles. Dans la plupart des types de chloroplastes ces lamelles s'épaississent en certains endroits pour former des condensations appelées grana. Les molécules de chlorophylle se trouvent à l'intérieur de ces grana.

Au microscope électronique ces grana apparaissent comme constitués de minuscules unités, à peine visibles, nettement disposées comme dans un carrelage de salle de bain. Il est possible que chacun de ces objets représente une unité de photosynthèse contenant 250 à 300 molécules de chlorophylle.

Les chloroplastes sont plus difficiles à manipuler que les mitochondries, car à leur plus grande complexité structurale s'ajoute, semble-t-il, une fragilité accrue.

Quand les cellules sont fragmentées, par exemple, les mitochondries peuvent être isolées intactes avec une relative facilité, et peuvent même être amenées à continuer d'accomplir leur fonction.

Il n'en est pas de même avec les chloroplastes. Même l'emploi de méthodes délicates pour les extraire de cellules fragmentées ne réussiront qu'à les détruire. Même quand ils semblent intacts, ils ne le sont pas en réalité, car ils ne photosynthétisent plus.

Ce n'est qu'en 1954 que des chloroplastes suffisamment intacts pour parachever la réaction photosynthétique complète ont été obtenus par le physiologiste végétal américano-polonais Daniel Israel Arnon (né en 1910), qui travaillait avec des cellules de feuille d'épinard.

Tenons-nous la solution, alors? Pouvons-nous isoler les chloroplastes plutôt que la chlorophylle et les mettre au travail en laboratoire afin qu'ils débitent amidon, corps gras et protéines à volonté?

Théroriquement oui, mais pratiquement non. En premier

lieu, nous dépendrions du monde végétal pour la fourniture des chloroplastes. En second lieu, les chloroplastes sont si fragiles que nous devrions continuellement renouveler notre réserve. Il est beaucoup plus économique et efficace à long terme de continuer d'utiliser les chloroplastes là où ils sont protégés et se reproduisent facilement : à l'intérieur des cellules végétales intactes et vivantes.

Mais pourquoi essayer de copier à la lettre la photosynthèse végétale? Ne pourrions-nous pas trouver un substitut?

L'étape clef dans la photosynthèse est la dissociation de la molécule d'eau en hydrogène et oxygène. Les chimistes savent le faire facilement mais au prix d'une large dépense d'énergie. Ils savent le faire en chauffant les molécules d'eau assez fort pour qu'elles vibrent jusqu'à partir en pièces, ou en passant un courant électrique à travers une solution diluée d'acide sulfurique afin que les charges électriques dissocient les molécules. Néanmoins la chaleur et l'électricité représentent toutes deux des apports massifs d'énergie. L'hydrogène que nous pouvons isoler de cette manière, recombiné avec l'oxygène, libèrerait une énergie considérable que nous pourrions alors utiliser; mais l'énergie libérée serait loin d'être aussi grande que l'énergie dépensée pour casser la molécule d'eau et obtenir l'hydrogène initial.

Supposons, donc, que nous puissions dissocier la molécule d'eau en utilisant la lumière solaire, comme le font les plantes. L'énergie de la lumière solaire serait plus grande que celle que nous obtiendrions par la suite en recombinant l'hydrogène libéré avec l'oxygène, mais nous n'aurions rien à investir pour produire la lumière solaire. La lumière solaire est présente en permanence et serait de toute façon gaspillée si nous ne l'utilisions pas.

Les plantes réalisent cela grâce à leurs chloroplastes, mais ne pourrions-nous pas le faire aussi grâce à un système plus simple – stable, efficace, et travaillant infatiguablement sous notre direction?

L'hydrogène et l'oxygène que nous formerions à partir de l'eau pourraient être recombinés pour délivrer une énergie plus concentrée et utile que la lumière solaire d'origine. Dans le processus, les molécules d'eau seraient reformées. Ni eau ni hydrogène ni oxygène ne seraient jamais consommés, et le seul changement permanent serait la conversion de la lumière solaire diluée en énergie chimique concentrée. Le processus pourrait se poursuivre aussi longtemps que le Soleil brillera de la manière actuelle.

D'autre part, une fois l'hydrogène formé, nous pourrions mettre au point des méthodes pour le combiner avec du gaz carbonique afin de fabriquer de la nourriture. Par ce biais, nous pourrions envisager un avenir dans lequel les êtres humains, si besoin est, se passeraient totalement du monde végétal. Nous obtiendrions nourriture et carburant aux dépens de la lumière solaire.

Naturellement je ne me fais pas l'avocat de l'élimination du monde des plantes, mais les temps pourraient venir où nous aurions temporairement besoin de nous en passer : pendant des longs voyages à travers l'espace dans des vaisseaux trop petits pour soutenir une équilibre écologique ordinaire, par exemple. Il serait alors utile d'installer un système artificiel pour lever le problème.

Les chimistes en sont sur la voie. Le biochimiste américain Melvin Calvin (né en 1911) qui, en 1961, a obtenu le prix Nobel pour son travail de déchiffrage de la réaction photosynthétique en détails, utilise des composés de synthèse contenant des métaux conçus pour mimer l'activité de la chlorophylle. D'autres travaillent aussi dans le domaine.

Jusqu'ici, personne n'a tout à fait créé l'équivalent d'une cellule végétale artificielle, mais il n'y a aucune raison pour qu'on ne finisse pas par y réussir et qu'il ne devienne possible que les hommes se fournissent en nourriture et en carburant de cette façon – et même, si nécessaire, qu'ils vivent pendant de longues périodes dans une situation où ils restent (avec leurs parasites internes) les seuls organismes vivants.

Biologie

11

NOUVELLES PENSÉES SUR LA PENSÉE

Dans mon livre *The Planet That Wasn't* * il y a un de mes essais qui s'intitule : « Pensées sur la pensée ». Dans ce dernier j'exprime mon insatisfaction envers les tests d'intelligence et je donne mes raisons. Je présente des arguments qui suggèrent que le mot « intelligence » désigne un concept subtil qui ne peut pas être mesuré par un simple chiffre tel que celui représenté par le « quotient intellectuel » (QI).

J'étais très satisfait de cet article, surtout depuis qu'il avait été attaqué par un psychologue dont j'avais peu de respect pour les travaux.

Jamais je n'aurais pensé que j'eusse quelque chose à y ajouter. En effet, je suspectais plutôt avoir épuisé toutes mes réflexions possibles sur le sujet de l'intelligence.

Puis, peu de temps avant d'écrire cet essai, je me suis retrouvé assis à un dîner entre, à ma droite, Marvin Minsky du MIT et, à ma gauche, Heinz Pagels de l'université Rockefeller.

Pagels avait organisé une conférence de trois jours sur les ordinateurs et avait auparavant dans la journée présidé une discussion-table ronde sur le thème : « La recherche en intelligence artificielle a-t-elle contribué à éclairer la pensée humaine? »

* *La planète qui n'était pas*, Doubleday, 1976.

Je n'avais pas assisté à cette table ronde (pour des questions d'horaire) mais ma chère femme Janet, oui; d'après son compte rendu il apparaissait que Minsky et John Searle de l'université de Californie avaient engagé une discussion sur la nature de l'intelligence artificielle. Minsky, chef de file dans ce domaine de recherche, s'opposait au point de vue de Searle selon lequel la conscience est un phénomène purement biologique et qu'aucune machine ne pourrait jamais posséder la conscience ou l'intelligence.

Au cours du dîner Minsky continuait à soutenir qu'« intelligence » et « artificielle » n'étaient pas des termes contradictoires tandis que Pagels défendaient la légitimité des vues de Searle. Comme j'étais assis entre les deux, la discussion, polie mais ferme, me passait au-dessus de la tête, à la fois au propre *et* au figuré.

J'écoutais les arguments avec une angoisse allant croissant, car j'avais proposé avec insouciance quelques mois auparavant de donner une causerie d'après-dîner ce soir même. Je compris que le débat Minsky-Searle était le seul sujet qui flottait dans l'esprit des personnalités présentes invitées à ce dîner et qu'il fallait absolument que j'en parle si je voulais avoir quelque chance de retenir leur attention.

Cela signifiait que je devais me remettre à penser sur la pensée, et que j'avais une demi-heure pour le faire. Je m'en suis sorti, bien sûr, sinon je ne vous en parlerais pas. En effet, on m'a dit que pendant le reste de la conférence j'ai été cité en quelques occasions avec approbation.

Je ne peux pas vous citer mon discours mot pour mot, puisque j'ai improvisé comme à mon habitude, mais en voici un compte rendu assez fidèle.

Supposons que nous partions de l'hypothèse naturelle que l'*Homo sapiens* est l'espèce la plus intelligente ayant jamais vécu sur Terre aujourd'hui ou dans le passé. Il n'est pas surprenant, donc, que le cerveau humain soit si gros. Nous avons tendance, avec force raison, à associer le cerveau avec l'intelligence et vice versa.

Le cerveau d'un homme adulte a une masse de 1,4 kg en moyenne et est beaucoup plus gros que celui de n'importe quel non-mammifère actuel ou disparu. Cela n'est pas surprenant, vu que les mammifères en tant que classe, ont des cerveaux plus gros et sont plus intelligents que toute autre sorte d'organismes vivants.

Parmi les mammifères, il n'est pas étonnant que plus l'organisme est gros plus le cerveau est gros; mais de ce point de vue le cerveau humain se détache du rang. Il est plus gros que celui de mammifères beaucoup plus massifs que l'homme. Le cerveau humain est plus gros que celui du cheval, du rhinocéros ou du gorille, par exemple.

Et pourtant le cerveau humain n'est pas le plus gros qui soit. Le cerveau de l'éléphant est plus gros. Parmi les plus gros cerveaux d'éléphants, certains ont des masses de l'ordre de 6 kg, soit près de 4 fois le cerveau humain. En outre, on a trouvé chez les grands cétacés des cerveaux encore plus massifs. Le plus gros cerveau jamais mesuré a été celui d'un cachalot, d'une masse d'environ 9,2 kg : soit 6,5 fois celle du cerveau humain.

Pourtant les éléphants et les grands cétacés, bien que plus intelligents que la plupart des animaux, ne tiennent pas, même de loin, la comparaison avec les êtres humains en ce qui concerne l'intelligence. Il est clair que la masse du cerveau n'est pas le seul facteur à prendre en considération pour l'intelligence.

Le cerveau humain constitue environ 2 % de la masse totale du corps. Un éléphant avec un cerveau de 6 kg possède cependant une masse moyenne de 5 000 kg, de sorte que son cerveau ne constitue qu'environ 0,12 % de la masse de son corps. De même pour un cachalot, dont la masse peut atteindre 65 000 kg, un cerveau de 9,2 kg ne représente alors que 0,014 % de sa masse.

En d'autres termes, en fraction de la masse du corps, le cerveau humain est 17 fois plus gros que celui de l'éléphant et 140 fois plus que celui du cachalot.

Est-il juste de se référer au rapport des masses cerveau/corps plutôt qu'à la seule masse du cerveau?

Eh bien, il semble que ce facteur nous donne une véritable indication, attestée par le fait apparemment évident que l'homme est plus intelligent que les éléphants et autres baleines aux cerveaux plus gros. D'ailleurs, nous pourrions soutenir ce choix de la façon suivante (probablement présentée de manière un peu simpliste) :

Le cerveau commande le fonctionnement du corps, et ce qui n'est pas pris par ses tâches de contrôle à faible niveau de pensée peut être réservé aux activités telles que l'imagination, le raisonnement abstrait et la fantaisie créatrice. Quoique les cerveaux des éléphants et des cétacés soient gros, les corps de ces mammifères sont énormes; par conséquent leur cerveau, aussi gros qu'il soit, est entièrement occupé par la routine qui consiste à faire fonctionner ces vastes masses, et il en reste très peu pour les fonctions « supérieures ». Ces animaux sont donc moins intelligents que les hommes en dépit de la taille de leur cerveau.

(C'est aussi la raison pour laquelle les femmes peuvent avoir un cerveau de masse 10 % inférieure à celui des hommes, en moyenne, sans être 10 % moins intelligentes. Leur corps est plus léger et leur rapport des masses cerveau/corps est un tout petit peu plus grand que celui des hommes.)

Néanmoins le rapport des masses cerveau/corps n'explique pas tout non plus. Les primates ont tous des rapports cerveau/corps très élevés, et, dans l'ensemble, plus le primate est petit plus le rapport est grand. Chez certains petits singes le cerveau représente 5,7 % de la masse du corps, ce qui est près de trois fois le rapport chez l'homme.

Pourquoi, donc, ces animaux ne sont-ils pas plus intelligents que les êtres humains?... Ici la réponse est peut-être que leur cerveau est bien trop petit pour servir à ce propos.

Pour une réellement haute intelligence, il faut un cerveau assez massif pour fournir la puissance de pensée nécessaire ainsi qu'un corps assez petit pour qu'il n'épuise pas entièrement les possibilités du cerveau et laisse place à la pensée. Cette combinaison de gros cerveau et de petit corps semble être optimale chez l'espèce humaine.

Mais attendez! Les cétacés, tout comme les primates, ont tendance à posséder un rapport des masses cerveau/corps plus élevé à mesure que leur taille diminue. Le dauphin commun n'est pas plus massif que l'homme, en moyenne, mais a un cerveau de 1,7 kg, soit 1/5 de masse en plus que le cerveau humain. Son rapport cerveau/corps est de 2,4 %.

Dans ce cas, pourquoi le dauphin n'est-il pas plus intelligent que l'homme? Y a-t-il des différences qualitatives entre les deux sortes de cerveaux qui condamnent le dauphin à une relative stupidité?

Par exemple, les cellules cérébrales essentielles sont situées en surface du cerveau et constituent la « matière grise ». L'intérieur du cerveau est constitué dans une large mesure d'excroissance de ces cellules enrobées de gras désignées sous le nom de « matière blanche » (d'après la couleur du gras).

C'est la matière grise qui est associée à l'intelligence, et donc la surface du cerveau qui est plus importante que sa masse. Quand on considère les espèces dans l'ordre d'intelligence croissante, on trouve que la surface du cerveau augmente plus vite que la masse. Une façon dont cela se manifeste est que la surface s'accroît à un point tel qu'elle ne peut plus s'étaler uniment sur le volume du cerveau, mais se plisse en circonvolutions. Un cerveau avec des circonvolutions a une surface plus grande qu'un cerveau lisse de même masse.

Nous associons donc les circonvolutions avec l'intelligence et, pour sûr, les cerveaux de mammifères ont des circonvolutions à la différence des autres classes du règne animal. Un cerveau de singe a plus de circonvolutions qu'un cerveau de chat. Un cerveau humain, sans surprise, a plus de circonvolutions que celui de n'importe quel autre mammifère terrestre, y compris les espèces relativement intelligentes comme le chimpanzé et l'éléphant.

Et pourtant le cerveau du dauphin est plus massif que le cerveau humain, a un rapport cerveau/corps plus élevé, et *en sus* a plus de circonvolutions.

Alors pourquoi donc les dauphins ne sont-ils pas plus intelligents que les hommes? Pour expliquer cela, il faut se rabattre sur la supposition de l'existence d'un défaut dans la structure des cellules du cerveau du dauphin ou dans son organisation cérébrale – hypothèses que n'atteste aucune évidence.

Laissez-moi cependant vous suggérer un autre point de vue. Comment savons-nous que les dauphins ne sont pas plus intelligents que nous?

Assurément il n'ont pas de technologie, mais ce n'est pas surprenant. Ils vivent au sein de l'eau, où le feu est impossible : or l'utilisation habile du feu est fondamentalement à la base de la technologie humaine. D'autre part, la vie aquatique rend essentiel le profilage, de sorte que les dauphins sont dépourvus de moyens précis de manipulations équivalents aux mains humaines.

Mais la seule technologie est-elle une mesure suffisante de l'intelligence? Quand ça nous arrange, nous négligeons la technologie. Prenez les structures construites par les insectes sociaux comme les abeilles, les fourmis et les termites, ou le réseau délicat de la toile d'araignée. Ces réalisations rendent-elles l'abeille, la fourmi, le termite ou l'araignée plus intelligents que le gorille, qui construit un nid grossier dans un arbre?

« Non », dites-vous sans hésiter un moment. Nous considérons que les animaux inférieurs, quelles que merveilleuses que soient leurs réalisations, procèdent seulement par instinct, et que cela est inférieur à la pensée consciente. Il est possible que ce soit un jugement quelque peu narcissique.

Ne pourrait-on pas concevoir que les dauphins considèrent notre technologie comme le résultat d'une forme inférieure de pensée et la rejettent comme preuve d'intelligence, selon leur propre jugement narcissique?

Naturellement, les hommes ont le pouvoir de la parole.

Nous utilisons des modulations sonores complexes pour exprimer des idées infiniment subtiles, ce qu'aucune autre espèce vivante ne fait ou même tend à s'en rapprocher. (Elles ne peuvent pas non plus communiquer avec une complexité, une souplesse et une subtilité équivalente par n'importe quel autre moyen, pour autant que nous sachions.)

Pourtant les baleines à bosse émettent des « chants » complexes, tandis que le dauphin est capable de produire une plus grande variété de sons que nous. Qu'est-ce qui nous rend si sûr que les dauphins ne savent pas parler?

Mais l'intelligence est une chose qui se remarque. Si les dauphins sont si malins, pourquoi n'est-il pas *évident* qu'ils le sont?

J'ai soutenu dans « Pensées sur la pensée » qu'il y a différentes sortes d'intelligence parmi les êtres humains et que pour cette raison les tests de QI nous induisent en erreur. Même si c'est bien le cas, il est clair que toutes les variétés intelligentielles humaines (je dois inventer ce mot) appartiennent au même genre. Il nous est possible de reconnaître de telles variétés même si elles sont tout à fait différentes. Nous voyons que Beethoven a une sorte d'intelligence, Shakespeare une autre, Newton encore une autre et Peter Piper (le spécialiste de la cueillette des cornichons) toujours une autre; nous pouvons comprendre la valeur de chacune.

Mais quant à une variété intelligentielle complètement différente de toutes les variétés humaines? Pourrions-nous même la reconnaître comme une forme d'intelligence, quelle que soit la manière dont nous l'étudierions?

Supposez que le dauphin, avec son cerveau énorme, riche en circonvolutions, et sa vaste panoplie de sons, ait un esprit capable de considérer des idées complexes, un langage capable de les exprimer avec infiniment de subtilité. Mais supposez que ces idées et ce langage soient si différents de tout ce à quoi nous sommes accoutumés que nous ne ne puissions même pas saisir le fait que ce sont des idées et un langage, sans parler de leur contenu.

Supposez qu'une colonie de termites, globalement, ait un cerveau collectif qui réagisse d'une façon tellement différente de notre cerveau individuel que nous ne verrions pas cette intelligence malgré toute l'« évidence » éclatante qu'elle présenterait.

Le problème est sans doute en partie sémantique. Nous mettons une grande insistance à définir la « pensée » d'une manière telle que nous en arrivons automatiquement à la conclusion que seuls les êtres humains pensent. (De fait l'histoire est remplie de fanatiques persuadés que seuls les mâles d'apparence plutôt semblable à la leur pensent, et que les femmes ainsi que les « races inférieures » ne pensent pas. Les définitions autosatisfaisantes et narcissiques peuvent y faire beaucoup.)

Supposez que nous définissions la « pensée » comme une sorte d'action qui conduit une espèce à prendre les mesures qui assurent au mieux sa survie. Suivant cette définition chaque espèce pense, d'une certaine manière. La pensée humaine devient une variété parmi tant d'autres, et pas nécessairement meilleure.

En effet, si vous considérez que l'espèce humaine, avec ses pleines capacités de prévoyance, sachant exactement ce qu'elle fait et ce qui peut arriver, a néanmoins une chance non négligeable de s'autodétruire dans un holocauste nucléaire... la seule conclusion logique, selon ma définition, est que l'*Homo sapiens* pense des plus pauvrement, et est une espèce moins intelligente que n'importe quelle autre vivante ou ayant jamais vécue sur Terre.

Il est bien possible, alors, que tout comme les promoteurs des tests de QI parviennent à leurs résultats en définissant soigneusement l'intelligence de manière à se rendre eux-mêmes et ceux qui leur ressemblent « supérieurs », l'humanité prise dans son ensemble en fasse de même par sa définition très prudente de ce qu'est la pensée.

Pour éclaircir la question, prenons une analogie.

Les êtres humains « marchent ». Ils font cela sur deux

jambes en penchant leur corps de mammifère de manière à produire une inclination en arrière de la colonne vertébrale dans la région lombaire.

Nous pourrions définir la « marche » comme un mouvement sur deux jambes avec le corps maintenu en équilibre sur une colonne vertébrale recourbée. Selon cette définition, la marche serait unique à l'être humain et nous pourrions bien être fier de ce fait, avec raison. Cette sorte de marche libère nos membres supérieurs du besoin de participer au déplacement (sauf dans certaines conditions d'urgence) et nous procure des mains disponibles en permanence. Ce développement de la station debout a précédé le développement de notre gros cerveau et il est possible qu'il y ait en fait conduit.

Les autres animaux ne marchent pas. Ils se déplacent sur leurs quatre, six, huit, ou douzaines de pattes, ou sans. Ou bien ils volent, ou ils nagent. Même ces quadrupèdes qui peuvent se dresser sur leurs pattes arrières (comme les ours ou les grands singes) ne le font que temporairement et sont plus à l'aise sur les quatre.

Il y a des animaux strictement bipèdes, comme les kangourous et les oiseaux, mais ils sautent ou sautillent au lieu de marcher. Même les oiseaux qui marchent (comme les pigeons ou les pingouins) sont d'abord des volants ou des nageurs. Et les oiseaux qui ne font rien d'autre que marcher (ou – son cousin plus rapide – courir) comme les autruches, n'ont pas la colonne vertébrale recourbée.

Supposons, donc, que nous mettions une grande insistance à rendre la « marche » totalement unique, et cela jusqu'au point de manquer de mots pour désigner la façon dont les autres animaux progressent. Supposons que nous nous contentions de dire que les hommes sont « marchants » et que les autres espèces ne le sont pas, et que nous refusions d'étendre notre vocabulaire au-delà.

Si nous persistions dans cette voie avec une ferveur suffisante nous n'aurions plus besoin de prêter attention à l'efficacité magnifique avec laquelle certaines espèces sautillent, bondissent, courent, volent, planent ou rampent. Nous ne developperions pas de terme comme « locomotion animale » pour couvrir toutes ces variétés de progression.

Or, si nous rejetons toute forme de locomotion animale excepté la nôtre comme simplement « non-marchante », nous n'aurions jamais à affronter le fait que la locomotion humaine, sous de nombreux aspects, n'est pas aussi gracieuse que celle du cheval ou du faucon et, en vérité, est une des formes de locomotion animale les moins gracieuses et admirables.

Supposons, alors, que nous inventions un mot pour recouvrir toutes les façons dont les êtres vivants peuvent se comporter de manière à relever un défi ou à favoriser leur survie. Appelons le « zorkage ». La pensée, au sens humain, serait une sorte de zorkage, tandis que les autres espèces pourraient présenter d'autres formes de zorkage.

Si nous appréhendions le zorkage sans jugements préconçus, nous pourrions trouver que penser n'est pas toujours la meilleure façon de zorker, et avoir un peu plus de chance de comprendre le zorkage des dauphins ou des communautés de termites.

Ou supposez que nous nous intéressions au problème de savoir si les machines peuvent penser; si un ordinateur peut posséder une conscience; si les robots peuvent éventuellement ressentir des émotions; si, en bref, nous pourrons parvenir dans le futur à quelque chose comme une véritable « intelligence artificielle ».

Comment pouvons nous discuter de la question si nous ne nous arrêtons pas d'abord pour envisager ce que pourrait être l'intelligence? Si, par définition, c'est une propriété que seul l'être humain peut posséder, alors, naturellement, une machine ne le peut pas.

Mais toute espèce zorke, et il est possible que les ordinateurs en soient aussi capables. Peut-être les ordinateurs ne zorkeront-ils pas de la même manière qu'une espèce biologique, de sorte que nous avons également besoin d'un nouveau mot pour désigner ce qu'ils font. Dans une précédente causerie impromptue, j'ai utilisé le terme de « grotchage », qui conviendra aussi bien qu'un autre.

Au sein de l'espèce humaine il y a un nombre indéfini de différentes façons de zorker; ces différentes façons sont suffisamment semblables pour être réunies dans la rubrique générale de la « pensée ». De même les ordinateurs sont susceptibles de posséder un nombre indéfini de différentes façons de zorker, mais assez différentes de celles des êtres humains pour être réunies dans la rubrique générale du « grotchage ».

(Et les autres animaux peuvent zorker d'encore d'autres façons différentes, de sorte qu'il faudrait inventer des douzaines de mots différents pour les variétés de zorkage et les classer de manière compliquée. D'autre part, à mesure du développement des ordinateurs nous pourrions trouver que le « grotchage » n'était pas suffisant et qu'il faudrait ouvrir de nouvelles sous-rubriques... Mais tout cela concerne l'avenir. Ma boule de cristal n'est pas d'une limpidité illimitée.)

Pour sûr, nous concevons nos ordinateurs de manière à ce qu'ils sachent résoudre des problèmes qui nous concernent; ils nous donnent donc l'illusion de penser. Nous devons reconnaître, cependant, que même quand un ordinateur résout un problème que nous aurions à résoudre nous-mêmes en son absence il le résout par des procédés totalement différents des nôtres. Ils grotchent et nous pensons, et il est peut-être inutile de se réunir autour d'une table ronde pour savoir si l'ordinateur pense. Les ordinateurs pourraient aussi bien se réunir autour d'une même table pour savoir si les humains grotchent.

Mais est-il raisonnable de supposer que les humains pourraient créer une intelligence artificielle si différente de l'intelligence humaine au point d'exiger une reconnaissance du grotchage des ordinateurs comme indépendant de la pensée humaine?

Pourquoi pas? C'est déjà arrivé. Pendant d'innombrables millénaires les hommes ont transporté des objets en les

portant sous les bras ou en les équilibrant sur leur tête. Ce faisant, ils ne pouvaient pas transporter tellement de masse, ou si peu.

Lorsque les hommes ont empilé des objets sur le dos des ânes, des chevaux, des bœufs, des chameaux ou des éléphants, ils ont pu transporter de plus grosses masses. Cependant, cela n'est seulement qu'une substitution de l'utilisation directe de muscles plus forts à celle de leurs faibles muscles.

Toutefois les hommes ont fini par inventer un dispositif artificiel qui facilitait le transport. Comment la machine a-t-elle accompli cela? En reproduisant artificiellement la marche, la course, le vol, la nage, ou n'importe quel autre de la myriade de procédés de locomotion animale?

Non. Des hommes des sombres jours de la préhistoire ont inventé la roue et l'axe. Résultat, une masse beaucoup plus grande pouvait être placée dans une charrette et traînée par la force musculaire humaine ou animale que par l'usage direct de cette même force.

La roue et l'axe sont l'invention la plus étonnante jamais faite par l'humanité, à mon point de vue. L'usage du feu a été au moins précédé par l'observation des incendies naturels déclenchés par les éclairs. Mais la roue et l'axe n'ont pas d'ancêtre naturel. Ils n'existent pas dans la nature : aucune forme de vie ne les a développés jusqu'à présent. Ainsi la « locomotion assistée par la machine » a été, depuis son origine, totalement différente de toutes les autres formes de locomotion animale; de la même manière, il ne serait pas surprenant que le zorkage mécanique soit différent de toutes les autres formes de zorkage biologique.

Naturellement, les charrettes primitives ne pouvaient pas se mouvoir d'elles-mêmes, mais finalement la machine à vapeur fut inventée, puis le moteur à explosion et la fusée : aucun d'entre eux ne fonctionne, de près ou de loin, comme les muscles.

Les ordinateurs sont encore aujourd'hui au stade pré-machine à vapeur. Ils ne savent pas fonctionner « d'eux-mêmes ». L'équivalent de la machine à vapeur finira par être développé et les ordinateurs seront capables de résoudre des problèmes par eux-mêmes, mais toujours par un procédé complètement différent de celui du cerveau humain. Là encore, ils grotcheront plutôt que penseront.

Tout cela semble éliminer les craintes que les ordinateurs nous « remplacent », ou que les hommes deviennent superflus et disparaissent.

Après tout, la roue n'a pas rendu les jambes superflues. Il y a des circonstances dans lesquelles marcher est plus approprié et plus utile que rouler. Se frayer un chemin sur un sol grossier est facile à la marche, mais très difficile en automobile. Et je préfère ne pas imaginer tout autre procédé que la marche pour me rendre de mon lit à ma baignoire.

Mais les ordinateurs finiront-ils par être capables de faire tout ce que font les humains, même s'ils grotchent plutôt qu'ils ne pensent? Les ordinateurs pourront-ils nous grotcher des symphonies, des pièces de théâtre, des théories scientifiques, des peines de cœur... tout ce que vous osez imaginer?

Peut-être. Il m'est arrivé de voir des machines conçues pour lever des jambes par-dessus des obstacles, des machines qui marchent, en quelque sorte. Cependant ces machines étaient si compliquées et leurs mouvements si disgracieux qu'il m'a paru évident que personne n'allait jamais prendre la terrible peine de construire et d'utiliser de tels engins autrement que pour réaliser un tour de force (comme l'avion à pédale qui a traversé la Manche, et qui ne sera jamais plus utilisé).

Le grotchage, quoi qu'il en soit, est de toute évidence mieux adapté à la manipulation excessivement rapide et précise de quantités arithmétiques. Même les ordinateurs les plus simples peuvent grotcher la multiplication et la division de grands nombres beaucoup plus vite que les êtres humains peuvent conduire leur pensée à la solution.

Cela ne signifie pas que le grotchage est supérieur à la pensée : cela veut simplement dire qu'il est mieux adapté à cette procédure particulière. Tout comme la pensée est mieux adaptée aux procédures qui font intervenir la finesse, l'intuition et la combinaison créative de données pour produire des résultats inattendus.

Les ordinateurs peuvent éventuellement être conçus pour réaliser de telles choses d'une certaine manière, tout comme les calculateurs prodiges peuvent grotcher d'une certaine manière... mais l'un ou l'autre est perte de temps.

Laissons les penseurs et les grotcheurs travailler à leur spécialité et regroupons les résultats. J'imagine que les humains *et* les ordinateurs, travaillant ensemble, peuvent faire beaucoup plus que les uns ou les autres séparément. C'est dans la symbiose des deux que se dessine le profil de l'avenir.

Encore un point : si le grotchage est la pensée sont des phénomènes très différents, peut-on s'attendre à ce que l'étude des ordinateurs éclaire le problème de la pensée humaine?

Revenons au problème de la locomotion.

Une machine à vapeur fournit un travail ordinairement accompli par les muscles, et cela plus intensément et sans fatigue, mais cette machine n'est sous aucun aspect semblable au muscle dans sa structure. Dans la machine à vapeur, de l'eau est chauffée en vapeur dont l'expansion active des pistons. Dans le muscle, une protéine délicate, appelée actomyosine subit des changements moléculaires qui entraînent la contraction du muscle.

Il semblerait qu'on puisse étudier l'eau bouillante et la vapeur en expansion pendant un million d'années sans être capable d'en déduire quoi que ce soit sur l'actomoysine. Ou réciproquement que l'on puisse étudier tous les changements possibles subis par la molécule d'actomyosine sans jamais rien apprendre sur ce qui fait bouillir l'eau.

En 1824, cependant, un jeune physicien français, Nicolas L. S. Carnot (1796-1832), étudie la machine à vapeur afin de déterminer quels sont les facteurs qui régissent son rendement. Par ce travail, il est le premier à ouvrir une nouvelle voie de réflexion qui débouchera sur les lois de la thermodynamique, énoncées avant la fin du siècle.

Ces lois sont parmi les généralisations les plus puissantes de la physique, et il a été vérifié qu'elles s'appliquaient en toute rigueur aux systèmes vivants autant qu'aux systèmes plus simples comme les machines à vapeur.

L'action musculaire, aussi compliquée que soit son mécanisme interne, doit travailler sous les contraintes des lois de la thermodynamique au même titre que les engins à vapeur, et cela nous apprend une chose extrêmement importante sur les muscles. D'autre part, nous l'avons appris des machines à vapeur et nous ne l'aurions jamais appris de l'étude des muscles seuls.

De la même manière, l'étude des ordinateurs ne dira jamais rien, directement, sur la structure intime du cerveau humain ou sur les cellules de ce cerveau. Néanmoins, l'étude du grotchage peut éventuellement nous mener à la détermination des lois fondamentales du zorkage, et nous pourrions découvrir que ces lois s'appliquent autant à la pensée qu'au grotchage.

Il est possible, donc, même si les ordinateurs n'ont rien de semblable avec les cerveaux, qu'ils puissent nous apprendre des choses sur ces derniers que nous n'aurions jamais découvert en étudiant les cerveaux seuls. En dernière analyse, donc, je suis du côté de Minsky.

12

LA BOUCLE EST BOUCLÉE

Pendant l'automne 1983, les opérations de dérivation alors très en vogue ont exercé sur moi une fascination croissante, pour une très bonne raison, de plus. Mon angine, qui avait été mineure et stable pendant six ans, s'était soudainement agravée. Je passai des examens et, quand je fus confronté avec tact aux résultats, je compris que je me trouvais devant une de ces alternatives les plus intéressantes : je n'avais pas le choix.

J'avais besoin d'une triple dérivation.

Alors que je cherchai à me renseigner auprès de mes différents médecins, il semblait y avoir une question qu'ils ne voulaient pas m'entendre prononcer. Au mieux ils s'arrangeaient toujours pour détourner la réponse.

Finalement, je réussis à coincer mon anesthésiste.

Je lui dis : « Il y a quelques chose que je ne comprends pas. Si vous insérez une artère ou une veine dans mon aorte et dans mon artère coronaire de façon à contourner la constriction, comment allez vous faire? A défaut d'utiliser la quatrième dimension, vous allez couper dans mon aorte, par exemple, et faire un trou circulaire dans lequel vous ajusterez le nouveau vaisseau?

– Eh bien, oui, dit-il.

– Et dès la première coupure, le sang jaillit dans un flot terrible et je meurs.

– Oh, non. Personne ne vous a expliqué? Après avoir exposé votre cœur, nous l'*arrêtons.* »

Je me sentis tourner joliment au vert. « Vous l'*arrêtez?*

– Oui, nous lui donnons une bonne dose d'ions potassium, nous le refroidissons, et il s'arrête de battre.

– Mais ça me laisse cinq minutes avant la mort du cerveau.

– Non, pas du tout. Vous serez branché sur un cœur-poumon artificiel qui vous maintiendra en état pendant des heures, si nécessaire.

– Et s'il tombe en panne?

– Il ne peut pas. Et s'il y a une panne d'électricité sur tout le Nord-Est, nous sommes protégés par nos générateurs de secours. »

Je me sentis *un peu* mieux, et dis : « Comment faites-vous repartir le cœur? Et s'il ne repartait pas?

– Ça ne peut pas arriver, dit-il avec confiance. Le cœur ne demande qu'à repartir. Il faut travailler dur pour le maintenir tranquille. Aussitôt que nous laissons s'évacuer le potassium, il repart sur le champ, surtout un cœur en bon état comme le vôtre. »

Il avait raison. L'opération eut lieu le 14 décembre 1983, et le 2 janvier 1984 je célébrai mon 1 000 000 ᵉ anniversaire (en système binaire), et à présent, le 8 janvier 1984, je commence un autre essai... et de quoi d'autre pourrais-je discuter que du cœur et des vaisseaux sanguins?

Aristote (384-322 av. J.-C.) pensait que le cœur était le siège de l'intelligence. Ce n'est pas aussi déraisonnable que cela paraît aujourd'hui. Après tout, c'est un organe en mouvement permanent qui s'accélère sous l'excitation, ralentit pendant les périodes de calme, est pris de tumulte quand on est gagné par l'affection, etc. N'importe qui observant cela et remarquant que le cerveau se contente de rester là à ne rien faire est tenté de rejeter ce dernier au mieux au rang d'organe auxiliaire.

Aristote pensait que c'était simplement un organe de refroidissement du cœur, qui autrement aurait surchauffé. Le refroidissement était effectué par le biais d'un fluide semblable à la salive que les grecs appelait *pituita*. Il y a toujours un petit organe à la base du cerveau appelé glande pituitaire (ou hypophise) qui joue un rôle extrêmement important (ce sera peut-être pour un autre essai un de ces jours), mais qui n'a rien à voir avec la salive.

Aristote ne faisait pas de distinction entre les veines, les artères, les nerfs et les tendons.

Peu après la mort d'Aristote, cependant, survient une courte période de dissection intelligente à Alexandrie en Égypte, et les choses commence à s'arranger un peu.

Les artères, par exemple, sont clairement reliées au cœur; mais dans les cadavres les grandes artères semblent vides (les dernières pulsations les vident de leur sang). Praxagoras (IVe siècle av. J.-C.) fait donc la suggestion logique qu'elles transportent de l'air. En fait, le mot « artère » provient d'un terme grec signifiant « conduit à air ».

Hérophile (IVe siècle avant J.-C.), élève de Praxagoras, remarque que les artères palpitent à la différence des veines. Il semble avoir cru que les artères transportent du sang, mais il a gardé le nom que son maître leur avait donné.

Un disciple d'Hérophile, Erasistrate, (304-250 av. J.-C.), croit que les veines, les artères, et les nerfs sont des tubes creux qui transportent un fluide ou un autre aux différentes parties du corps; qu'ils se divisent et se subdivisent jusqu'à ce qu'ils deviennent trop petits pour être perçus. En tout cela il est assez proche de la réalité, puisque même les nerfs transportent des impulsions électriques, qui peuvent être considérées comme une sorte subtile de fluide.

Les veines, tous se l'accordent, transportent le sang (« veine » vient du latin *vena;* le mot grec est *phleb,* ce pourquoi une inflammation des veines est appelée phlébite).

Certains pensent que les artères contiennent un mélange de sang et d'air, ou de sang et d'un « esprit vital »; si nous considérons que les artères transportent du sang oxygéné, nous voyons que les Grecs n'étaient pas si loin de la vérité.

Cependant des énigmes demeurent, et il se passe des siècles avant que les médecins ne comprennent clairement que les nerfs et les tendons n'ont rien à voir avec le cœur, et qu'ils n'ont rien de vaisseaux sanguins de quelque type que ce soit. Ils ne perçoivent pas non plus tout à fait clairement la différence entre veine et artère.

Galien, le plus renommé des médecins antiques, un Grec de l'époque romaine (130-200), pense que les artères partent du cœur et conduisent vers les différents tissus. Il pense que les veines partent du foie, conduisent jusqu'au cœur, duquel elles conduisent à nouveau vers les différents tissus. (une hypothèse pas inintelligente, en fait : le foie est un gros organe rempli de vaisseaux sanguins, et tandis que les artères palpitent comme le cœur les veines restent au repos comme le foie).

Galien pense que le sang est déversé hors du cœur dans les artères comme dans les veines, puis est consumé par les tissus. Du sang nouveau est continuellement fabriqué, pense-t-il, dans le foie (probablement à partir de la nourriture) aussi vite qu'il est consommé dans les tissus. Le sang est consumé dans les tissus comme le bois le serait dans un foyer. L'air que nous respirons attise le processus et l'air que nous exhalons est analogue à la fumée d'un feu.

Il y a un problème, cependant. Le cœur n'est pas une pompe simple. C'est en fait deux pompes, puisque il est divisé en deux chambres principales : les ventricules droit et gauche (« ventricule » vient du terme latin pour « petit ventre »).

Chacun de ces ventricules à paroi épaisse a une antichambre à paroi fine, appelées respectivement « oreillette droite » et « oreillette gauche »; le cœur a donc, somme toute, quatre chambres.

Il y a un passage net entre chaque oreillette et son ventricule mais aucun entre les deux ventricules. Le ventricule gauche (très musclé) conduit à la plus grosse artère du corps, l'aorte (un nom d'origine incertaine), tandis que le ventricule droit (moins musclé) conduit à l'artère pulmonaire. Chaque ventricule a également ses propres veines.

Il semblerait que chaque ventricule émette du sang et qu'il n'y ait pas de lien évident entre les deux sangs. Toutefois Galien ne voit pas pourquoi il devrait y avoir deux sangs et décide que cela n'a pas de sens. Il doit y avoir un lien, et s'il n'est pas évident c'est qu'il est caché.

La paroi entre les deux ventricules est épaisse et musclée et, selon toute apparence, absolument imperméable. Néanmoins, raisonne Galien, elle doit être percée de petits trous, des trous trop petits pour être vus, à travers lesquels le sang est transféré d'un ventricule à l'autre; il y aurait ainsi un sang unique.

Pendant près de quatorze siècles les médecins ont fidèlement cru aux pores interventriculaires, bien que personne ne les aient jamais vus, et qu'en fin de compte ils n'existent pas... mais ne riez pas trop vite. Ils avaient un sens dans le système de Galien et même si le système s'est révélé faux le bon système, quand il a été découvert, s'est avéré lui aussi dépendre de passages invisibles.

Il n'y avait néanmoins aucune chance de réaliser des progrès sur la question du cœur et des vaisseaux sanguins tant que l'anatomie humaine ne serait pas reconnue comme une discipline médicale à part entière. C'était difficile, car nombreux étaient ceux qui considéraient la dissection des cadavres (je ne parle pas ici de la vivisection) comme un blasphème. Les Égyptiens, les Juifs et, pour finir, les Chrétiens, étaient également horrifiés par cette pratique et l'anatomie s'éteignit après 200 av. J.-C., restreinte aux animaux pendant un millénaire.

Les premières grandes écoles de médecine moderne en Europe s'établissent dans l'Italie de la Renaissance et guident le monde occidental pendant trois siècles. A l'université de Bologne, Mondino dei Liucci (1275-1326) est le premier à mener des dissections systématiques. En 1316 il publie le premier livre de l'histoire entièrement consacré à l'anatomie. Malheureusement il faisait faire les dissections par ses assistants tandis qu'il donnait des cours (sans regarder les résultats) inspirés des principes galéniques. Il fait donc quelques erreurs insignes, mais pendant deux siècles et demi son livre reste le meilleur disponible.

(Incidemment, l'intérêt croissant pour l'art naturaliste dans l'Italie de la Renaissance fait de l'anatomie une nécessité artistique, tout comme la géométrie projective. L'art contribue ainsi à la médecine et aux mathématiques tandis que chacun des deux contribue à l'art en retour. Il y a des liaisons intellectuelles et technologiques partout dans l'histoire. Léonard de Vinci (1452-1519) a disséqué trente cadavres au cours de sa vie.)

Enfin arrive le premier grand anatomiste moderne, un flamand nommé André Vésale (1514-1564). Il poursuit des études dans les écoles de médecine italiennes et se passionne pour l'anatomie. Il réussit à faire sensation en montrant que les hommes et les femmes ont le même nombre de côtes : vingt-quatre chacun réunies en douze paires.

La Bible dit qu'Ève a été créée à partir d'une côte prise sur Adam; d'où il s'ensuit qu'il devait manquer une côte non seulement chez Adam mais chez tous les hommes. Tout le monde « savait » cela sans avoir besoin de regarder – jusqu'à ce que Vésale arrive, regarde, et, pis encore, compte.

A la suite de ses recherches, Vésale compose un des plus grands classiques de l'histoire des sciences, intitulé en français *Sur la structure du corps humain*. Il est publié en 1543, alors que Vésale est âgé de vingt-neuf ans, la même année où Copernic publie son livre dans lequel il explique que la Terre tourne autour du Soleil et non l'inverse. C'est un double coup porté à la science grecque.

L'ouvrage de Vésale est le premier livre assez précis sur l'anatomie, et il est *imprimé*. Cela signifie qu'il pouvait être accompagné d'illustrations reproduites exactement un nombre quelconque de fois, et Vésale réussit à trouver un artiste de talent pour les réaliser, un certain Jan Stephen van Calcar (1499-1550), élève du Titien (1477-1576). Les illustrations sont naturalistes, et pour celle des muscles, en particulier, il n'a jamais été fait mieux depuis.

Les vieux anatomistes conservateurs s'opposent frénétiquement au livre, simplement parce qu'ils ne veulent pas remettre Galien en question. Au bout de vingt ans, ils réussissent à faire accuser Vésale d'hérésie, de vol de cadavres et de dissection. Il est contraint de partir en pèlerinage en Terre Sainte en pénitence, et il meurt au cours d'une tempête.

Néanmoins, même Vésale n'abandonne pas complètement Galien. Il est avec Galien contre Aristote en faveur du cerveau siège de l'intelligence contre le cœur. Et plus personne n'a douté de la chose depuis lors.

Par ailleurs, Vésale, dans ses recherches anatomiques, ne trouve aucune façon d'expliquer la nature de double pompe du cœur autre que celle de Galien. Il accepte donc les pores interventriculaires invisibles à travers la paroi du cœur, quoiqu'on suppose qu'il est devenu plus suspicieux à leur égard vers la fin de sa vie.

Malgré les problèmes de Vésale avec les institutions de son temps, il a révolutionné l'anatomie. Après lui, les anatomistes dissèquent avec soin et étudient en détail ce qu'ils voient.

Girolamo Fabrici (1537-1619) est l'un d'entre eux (habituellement mieux connu sous le nom de Fabricius d'Acquapendente). En 1574 il étudie les veines des jambes et remarque l'existence de petites valves sur toute leur longueur. D'autres anatomistes de l'époque rapportent également leur découverte et il s'ensuit de vigoureuses querelles d'antériorité.

C'est cependant Fabrici qui mène l'étude la plus minutieuse et approfondie, et permet à un de ses élèves de publier des illustrations de ces valves en 1585; c'est pourquoi Fabrici est communément crédité de leur découverte.

Par contre Fabrici ne donne pas une interprétation correcte de leur fonction. Il est encore l'esclave de la notion galénique des pores interventriculaires qui permettent à un flux sanguin unique de circuler de manière centrifuge du cœur vers les tissus où il est consumé.

Il est clair que les valves empêchent le sang de couler vers le bas dans les veines. L'action musculaire, pendant la marche ou autres mouvements, comprime les veines des jambes et des autres parties basses du corps et force le sang à se diriger vers le haut parce que c'est la seule direction vers laquelle il peut aller. S'il essaye de descendre vers le bas dans la direction de l'attraction gravitationnelle, les valves le retiennent.

Cela signifie que le sang des veines dans les jambes et, éventuellement, dans toutes les veines, ne peut se diriger que *vers le cœur*.

Fabrici ne put néanmoins accepter ce fait malgré sa simplicité (évidente après coup). Il suppose que les valves ne font que ralentir et égaliser le flux de sang vers le bas afin que toutes les parties du corps reçoivent une part convenable. Par cela Fabrici sauve la théorie galénique de l'action du cœur mais perd l'immortalité.

Personne n'a-t-il remis en question les pores galéniques?

Si, certes, mais le premier à le faire ne fut pas un Européen. C'était un érudit arabe, Ibn al-Nafis (1210-1288), né près de Damas.

En 1242, il écrit un ouvrage de chirurgie où il nie précisément l'existence des pores galéniques. La paroi interventriculaire, dit-il, est épaisse et ferme; le sang ne peut par aucun moyen la traverser.

Et pourtant le sang doit d'une manière ou d'une autre passer d'un côté de la paroi à l'autre. Une double pompe n'a pas de sens.

Al-Nafis suggère que le sang du ventricule droit est pompé dans l'artère pulmonaire qui conduit aux poumons. Là, dans les poumons, elle se divise en vaisseaux de plus en plus petits, par l'intermédiaire desquels le sang recueille l'air des poumons. Les vaisseaux sont ensuite réunis en vaisseaux de plus en plus grands jusqu'à se vider dans les veines pulmonaires qui transportent le sang, mélangé d'air, dans l'oreillette gauche, puis de celle-ci dans le ventricule gauche et vers l'aorte.

Al-Nafis découvre ainsi la « petite circulation » du sang,

d'où il émerge une représentation intéressante. Le sang (créé dans le foie, peut-être, suivant les idées de Galien) est déversé dans l'oreillette et le ventricule droits, puis voyage vers l'oreillette et le ventricule gauches en passant par les poumons. Ensuite, aéré, le sang voyage vers les autres tissus en général.

Il y a deux problèmes avec les théories de al-Nafis, cependant. En premier lieu, il n'y avait aucun signe de continuité des vaisseaux à travers les poumons. L'artère pulmonaire se divise et se subdivise jusqu'à dispararaître, tandis que les veines pulmonaires se forment apparemment à partir de rien. Il était juste de supposer que les subdivisions finales étaient trop fines pour être discernables et que les artères et veines les plus fines étaient ainsi reliées. Cependant, dans ce cas, des vaisseaux invisibles remplaçaient des pores invisibles. Était-ce vraiment une amélioration?

En second lieu, le livre d'al-Nafis ne fut pas connu en occident avant 1924 (!), et n'exerça donc aucune influence sur le développement de la théorie médicale moderne.

Il fallut un peu plus de trois siècles à l'Europe pour retrouver la perspicacité d'al-Nafis, et ce fut à l'honneur d'un médecin espagnol, Michel Servet (1511-1553).

C'est l'époque de la Réforme protestante et toute l'Europe est déchirée par les discussions théologiques. Servet prône des thèses radicales qui seraient aujourd'hui décrites comme unitaristes. Il les soutient sans tact, exaspérant à la fois catholiques et protestants, puisque les deux doctrines défendent la divinité de Jésus. En 1536, Servet rencontre Jean Calvin à Paris. Jean Calvin est un des plus importants premiers réformateurs protestants, doctrinaire austère et inébranlable. Quand Servet envoie à Calvin une copie de ses écrits, ce dernier est horrifié et interrompt leur correspondance... mais n'oublie pas.

En 1553, Servet publie ses écrits théologiques sous l'anonymat, mais Calvin connaît ces opinions et en reconnaît l'auteur. Il le dénonce aux autorités françaises qui arrêtent

Servet. Mais ce dernier réussit à s'échapper trois jours après et cherche à gagner l'Italie.

Inconscient, il passe par Genève en chemin, alors sous la houlette du sombre et amer Calvin, qui a réussi à établir une des plus remarquables théocraties de l'Europe moderne. Servet n'est ni sujet ni habitant de Genève, et n'y a commis aucun crime pour lequel il pourrait être légalement poursuivi. Néanmoins, Calvin s'acharne pour le faire condamner à mort : Servet – criant haut et fort sa doctrine unitariste jusqu'à la fin – est brûlé vif sur le bûcher.

Calvin ne se satisfait pas d'avoir brûlé le corps de Servet. Il lui paraît nécessaire de brûler également son esprit. Il traque le millier de copies du livre de Servet qu'il peut trouver et les brûlent aussi. Ce n'est qu'un siècle et demi après la mort de Servet, en 1694, que quelques copies préservées sont découvertes et que les savants européens ont l'occasion de lire ses écrits unitaristes.

Ce faisant ils découvrent, sans doute avec surprise, qu'il a aussi décrit la petite circulation dans son livre (exactement comme al-Nafis, si l'Europe avait seulement su).

Servet perd le crédit de la découverte, sauf après coup, car en 1559 un anatomiste italien, Realdo Colombo (1516-1559), publie un livre où est décrite la petite circulation, tout comme ceux d'al-Nafis et de Servet, et son œuvre survit. On attribue généralement la découverte à Colombo; or son travail est plus minutieux et approfondi que les deux autres et, du fait des circonstances, c'est l'œuvre de Colombo qui a influencé les développements ultérieurs, de sorte que ce crédit est mérité.

Puis vient le médecin anglais William Harvey (1578-1657).

Il est le fils d'un homme d'affaire cossu et l'aine de neuf enfants. Il reçoit son diplôme à Cambridge en 1597, puis va étudier la médecine en Italie. Fabrici sera l'un de ses maîtres.

Harvey retourne en Angleterre promis à un grand succès, car il sera à la fois médecin de cour de Jacques Ier et de Charles Ier.

Harvey est un expérimentateur. Pour lui, le cœur est un muscle qui se contracte et refoule sans cesse du sang, et doit être examiné uniquement sur cette base.

Par la dissection, il étudie les valves entre les oreillettes et les ventricules avec soin et remarque qu'elles sont à sens unique. Le sang peut passer de l'oreillette gauche vers le ventricule gauche et de l'oreillette droite vers le ventricule droit, mais pas en sens inverse.

D'autre part, Harvey connaît naturellement les valves des veines que son vieux professeur Fabrici a étudié. Avec la notion de valves à sens unique présente dans son esprit, il évite l'erreur de Fabrici. Le sang des veines ne va que dans une seule direction : vers le cœur. Il le vérifie expérimentalement en nouant les veines d'un animal au cours de ses expériences. Inévitablement le sang s'accumule et gonfle la veine du côté en aval du cœur, comme s'il était arrêté dans son flux remontant vers le cœur. La situation est précisément inversée lorsque l'on noue une artère, qui cette fois se remplit et gonfle du côté en amont du cœur.

Vers 1615, l'affaire est claire pour Harvey. Il connaît enfin la différence physiologique entre les veines et les artères. Le sang quitte le cœur par la voie des artères et y revient par la voie des veines. La petite circulation décrite par Colombo n'est que la *petite*. Du ventricule gauche le sang est pompé vers l'aorte et dirigé vers les tissus en général, puis retourne par les veines à l'oreillette et au ventricule droits, desquels il est pompé vers les poumons pour revenir à l'oreillette et au ventricule gauches.

En d'autres terme, le sang revient constamment à son point de départ. Il « circule ». La boucle est bouclée.

Harvey effectue des calculs simples que Galien aurait été capable de faire si la notion de mesure associée avec la biologie avait été claire chez les Grecs. Harvey montre qu'en une heure de temps le cœur pompe une quantité de sang trois fois égale au poids d'un homme. Il semble inconcevable que le sang soit produit et consommé à ce rythme; par conséquent la notion de circulation du sang s'impose comme une nécessité logique aussi bien qu'expérimentale.

Harvey, peu enclin à la controverse, commence à professer la circulation du sang en 1616, mais il ne la publie pas sous forme imprimée avant 1628. Il édite alors un livre de soixante-douze pages, misérablement imprimé aux Pays-Bas sur papier fin et bon marché, rempli de coquilles typographiques. Néanmoins, les expériences décrites sont claires concises, élégantes, et leurs conclusions sont incontestables. Le livre (appelé en français *Sur les mouvements du cœur et du sang*) devient donc un des grands classiques de la science.

Le livre de Harvey est (inévitablement) conspué à sa sortie, mais il vit assez longtemps pour voir la circulation du sang accepté par l'ensemble de la médecine européenne. C'est ce livre qui marque un point final et définitif pour la physiologie galénique.

...Et pourtant, il y a encore un hic. Le sang quitte le cœur par les artères et revient par les veines, mais aucune liaison n'est visible entre les deux. Il fallait supposer l'existence de liaisons invisibles : de petits tubes indiscernables, comme les pores galéniques invisibles du muscle interventriculaire.

Tant que nous devons dépendre de l'invisibilité, nous ne pouvons être certains de rien.

Ah, mais il y a une différence! Pendant la dernière décade de la vie de Harvey les physiologistes commencent à utiliser des microscopes, encore très imparfaits mais capables d'agrandir des objets minuscules ordinairement trop petits pour être discernés et examinés en détail.

Un des premiers en ce domaine est le physiologiste italien Marcello Malpighi, formé en médecine à l'université de Bologne, qui a fini par s'élever jusqu'à devenir plutôt à contrecœur médecin privé du pape Innocent XII.

Malpighi commence son travail de microscopiste dans les années 1650, lorsqu'il s'intéresse aux poumons de grenouille. Il aperçoit de minuscules vaisseaux sanguins fins comme des cheveux qu'il ne pouvait pas distinguer sans son microscope. En observant la membrane des ailes de chauve-souris en 1661, il finit par voir de petites artères et de petites veines reliées par de tels vaisseaux fins. Ils les appellent capillaires, du mot latin pour « cheveu ».

Cette découverte, qui parachève la notion de circulation du sang, est faite (hélas) quatre ans après la mort de Harvey; mais je suis sûr que ce dernier croyait en l'existence des capillaires et en leur découverte à venir.

Encore un point. Quand le ventricule gauche du cœur pompe le sang dans l'énorme aorte, trois petites artères en sortent presque immédiatement, dérivant le sang le plus fraîchement oxygéné vers – où donc? – le muscle cardiaque lui-même. Le cœur se fournit lui-même en premier et fort convenablement, et pourquoi pas? il le mérite.

Ces vaisseaux sont les « artères coronaires » (parce qu'elles encerclent le cœur comme une couronne). Plus que les artères ordinaires, les artères coronaires ont tendance à être bouchées par le cholestérol, quand on fait trop souvent bonne chère.

L'obstruction se situe habituellement juste à l'endroit où les artères se branchent sur l'aorte, et les examens ont montré que mes coronaires (dans l'ordre de leur taille décroissante) étaient bouchées à 85 %, 70 %, et 100 %.

La plus grosse coronaire a été dérivée par une artère proche (heureusement en parfait usage). Les deux plus petites ont été dérivées par une veine prise dans ma jambe gauche.

Je n'ai pas encore totalement cicatrisé mais mon cœur reçoit tout le sang dont il a besoin. Je cicatrise vite, et – de loin le plus important – je peux encore écrire ces chapitres.

Technologie

13

QUEL AUTOBUS?

Je n'ai pas une très bonne vue. En outre, j'ai une vie intérieure très intense, de sorte que je suis perpétuellement distrait par des choses qui s'agitent çà et là sous mon crâne. Les autres sont toujours très étonnés des choses que je ne vois pas. Certains changent de coiffure et je ne remarque rien. Un nouveau canapé arrive à la maison et je m'assieds dessus sans commentaire.

En une occasion je crois avoir pulvérisé tout les records en la matière. Je remontais Lexington avenue en parlant avec animation (comme à mon habitude) avec une personne qui marchait à mes côtés. Je traversais la rue toujours en parlant, et mon compagnon me suivit avec ce qui me sembla être un manque d'empressement.

Sur l'autre trottoir, mon compagnon me dit : « Cet autobus nous a manqué d'un centimètre. »

Et je répondis en tout innocence : « Quel autobus? »

J'eus aussitôt droit à un long et ennuyeux sermon qui, loin de me ramener dans le droit chemin, m'amena à réfléchir sur la facilité avec laquelle on peut ne pas voir un autobus. Par exemple...

Il y a quelque temps un lecteur m'a envoyé une copie du numéro d'octobre 1903 de *Munsey's Magazine* que j'ai parcouru avec beaucoup d'intérêt. La très riche rubrique de publicité était comme une fenêtre ouverte sur un autre monde. Mais l'objet sur lequel le lecteur avait appelé mon attention était un article particulièrement fascinant intitulé : « Les hommes peuvent-ils visiter la Lune? » par Ernest Green Dodge, Maître ès-lettres.

C'était le genre d'article que j'aurais pu écrire il y a quatre-vingts ans.

Il se trouve que j'ai eu souvent l'occasion de me demander si mes propres tentatives d'écriture à propos de la technologie du futur pourraient sembler rien moins qu'inspirées à posteriori. J'ai la plupart du temps pensé assez tristement qu'il en serait ainsi – qu'on s'apercevrait qu'il y a des autobus que je n'ai pas vu, et d'autres que j'ai remarqué qui n'était pas vraiment là.

Je ne peux pas vivre encore quatre-vingts ans pour vérifier, mais si je me penchais sur des remarques que j'aurais pu faire il y a quatre-vingts ans en examinant à quoi elles ressemblent à la lumière de ce que nous savons aujourd'hui?

L'article de Monsieur Dodge convient parfaitement à ce propos, car il est clair que c'était un homme rationnel, avec une bonne connaissance des sciences, et doté d'une imagination fertile mais disciplinée. Bref, il était comme j'aime à imaginer que je suis.

A plusieurs reprises, il a frappé la cible en plein dans le mille.

A propos du voyage vers la Lune, il dit : « (...) ce n'est pas, comme le mouvement perpétuel ou la quadrature du cercle, une impossibilité logique. Au pire, cela peut nous sembler aussi difficile que la traversée de l'Atlantique a dû sembler autrefois aux sauvages indigènes de son rivage, sans autre embarcation qu'un arbre chu et sans autres pagaies que leurs mains. L'impossible pour ces sauvages est devenu le triomphe de Colomb, et le rêve éveillé du XIXe siècle pourrait devenir une réalité du XXe siècle même. »

Tout à fait! Les êtres humains ont débarqué sur la Lune soixante-dix ans seulement après la publication de l'article de Dodge.

Dodge continue en énumérant les difficultés du voyage dans l'espace, qui, fait-il remarquer, proviennent principalement du fait que « l'espace est réellement vide, d'un vide qu'aucune technique humaine ne peut approcher (...) une portion d'espace interplanétaire ne contient absolument rien, pour autant que nous sachions, excepté quelques grains de météorites qui ne pèsent, peut-être, pas plus de cinq à sept kilogrammes en tout. »

Dodge est un homme prudent. Bien que l'affirmation semble irréfutable en 1903, il ajoute en termes circonspects « pour autant que nous sachions », et il a raison de le faire.

En 1903 on commence seulement à connaître les particules subatomiques. Les électrons et les rayonnements radio-actifs ont été découverts moins d'une décade auparavant. Ce sont encore des phénomènes terre à terre, cependant, et les rayons cosmiques ne seront pas découverts avant 1911. Dodge ne pouvait donc pas savoir que l'espace est rempli de particules énergétiques chargées électriquement, de masse insignifiante mais d'importance considérable.

Sur la base de ce qu'il sait en 1903, Dodge dresse une liste de quatre difficultés qui pourraient être soulevées par un voyage de la Terre à la Lune dans le vide de l'espace interplanétaire.

La première, naturellement, est qu'il n'y a rien à respirer. Il l'écarte assez justement en faisant remarquer que le vaisseau spatial serait étanche à l'air et emporterait sa propre atmosphère interne, au même titre que la nourriture et la boisson. Respirer n'est donc pas un problème.

La seconde difficulté est le « terrible froid » de l'espace interplanétaire. Dodge prend celui-ci plus au sérieux.

C'est cependant un problème qu'il a tendance à surestimer. Assurément, tout morceau de matière perdu dans l'espace profond et loin de toute source de rayonnement atteindrait une température d'équilibre de 3 K, qui peut être considérée comme la « température de l'espace ». Tout objet qui voyage de la Terre à la Lune est néanmoins proche d'une source de rayonnement. Il se trouve dans le voisinage du Soleil, tout autant que la Terre et la Lune, et baigne dans son rayonnement tout du long.

D'autre part, le vide de l'espace est un excellent isolant calorifique. Cela est déjà bien connu en 1903, car Dewar a inventé l'équivalent de la bouteille Thermos onze ans avant que l'article ait été écrit. Il est sûr qu'il y a toujours une source de chaleur à l'intérieur du vaisseau spatial, ne serait-ce que les corps des astronautes eux-mêmes, et que cette chaleur ne pourra que très lentement se perdre par rayonnement dans le vide (c'est la seule façon de perdre de la chaleur dans l'espace).

Dodge pense que le vaisseau devrait être protégé contre les pertes de chaleur par « des parois fortement capitonnées ». Il suggère également un approvisionnement en chaleur sous la forme de « grands miroirs paraboliques externes (qui) projetteraient des faisceaux de lumière solaire concentrés à travers les hublots. »

C'est une surestimation de taille, puisque rien de la sorte n'est nécessaire. Une couverture d'isolation thermique doit être appliquée à l'extérieur du vaisseau, mais à dessein d'éviter les *gains* de chaleur excessifs au cours du passage à travers l'atmosphère. Les *pertes* de chaleur ne sont une source de préoccupations pour personne.

La troisième difficulté provient du fait que le vaisseau sera en apesanteur pendant la plupart du temps du trajet Terre-Lune, de telle sorte que les astronautes ne ressentiront aucune attraction gravitationnelle. Dodge la dédaigne avec raison, notant que « les plats pourraient être fixés à la table, et les gens pourraient sauter et flotter, même s'ils ne pourraient pas marcher. »

Il n'envisage pas de changements physiologiques nuisibles conséquents à l'exposition à la gravitation nulle, et l'on pourrait considérer cela comme de l'imprévoyance. Cependant, il s'est avéré que le problème ne se posait pas. Au cours des dernières années, des hommes sont restés sous des conditions de gravitation nulle permanente pendant plus de six mois et n'ont apparemment ressenti aucun effet pathologique.

Le quatrième et dernier danger que Dodge envisage est celui des collisions possibles avec des météorites, mais (en dépit du fait que les écrivains de science-fiction continuent de le prendre pour un danger majeur un demi siècle plus tard) Dodge l'écarte également comme statistiquement insignifiant. Il a tout à fait raison.

Il ne mentionne pas le cinquième danger, celui des rayons cosmiques et autres particules électriquement chargées, qu'il ne pouvait tout simplement pas connaître en 1903. Il y eut certaines inquiétudes à ce propos après la découverte des ceintures de radiation en 1958 mais, comme il s'est avéré, ces derniers n'ont pas sensiblement gêné le débarquement de l'homme sur la Lune.

Dodge en conclut donc qu'il n'y a pas de danger dans l'espace qui empêcherait l'homme d'atteindre la Lune, et il a raison, mise à part sa surévaluation du danger de la froideur supposée de l'espace.

La question suivante qu'il soulève est celle de la méthode effective à employer pour parcourir la distance Terre-Lune. A ce sujet, il propose cinq « plans » possibles (on a l'impression, bien que Dodge ne le dise pas expressément, que ces cinq plans sont les seuls convenables).

Le plus simple est le « Plan de la tour ». Il fait intervenir la construction d'un objet assez grand pour atteindre la Lune, une réminiscence du projet des constructeurs de la tour de Babel biblique, en quelque sorte. Dodge mentionne la Tour Eiffel construite quatorze ans auparavant qui, avec sa hauteur de 300 mètres, est la plus haute structure du monde à l'époque où l'article est écrit (et qui le restera encore pendant vingt-sept ans).

Il dit : « Avec toute la richesse des nations réunie on pourrait construire un édifice d'acier rigide de treize à seize kilomètres de hauteur, mais guère plus, pour la simple raison que les parties inférieures ne pourraient pas être assez renforcées pour soutenir le poids qui reposerait au-dessus d'elles. » Pour atteindre la Lune, il faudrait disposer « d'un matériau près de cinq cents fois plus résistant que le blindage, et il est possible qu'un tel matériau ne soit jamais découvert ». (Notez le « possible ». Dodge est un homme prudent.)

Ce plan comporte plusieurs autres défauts que Dodge ne mentionne pas. La Lune, avec son orbite elliptique inclinée par rapport au plan équatorial, n'approcherait le sommet de la tour qu'une fois de temps en temps et, ce faisant, la gravitation lunaire exercerait une forte contrainte sur celle-ci. L'air ne resterait qu'à la base de la tour, retenu par la gravité terrestre, et demeurerait le problème de parcourir les 300 000 kilomètres de distance du périgée de la Lune une fois la tour construite (sans parler de la distance à parcourir en cours de construction). Feu le plan de la tour.

Dodge ne parle pas de la possibilité variante d'un « pont de l'espace », une longue structure verticale dans une position telle entre la Terre et la Lune que leur gravitation combinée la maintiendrait en place; une telle construction pourrait être utilisée pour aider à négocier le trajet Terre-Lune. Personnellement, je ne crois pas que ce soit quelque part un plan plus pratique que le premier.

Le deuxième projet de Dodge est le « Plan du projectile ». Il fait intervenir un vaisseau tiré par un canon géant, qui émerge avec une vitesse suffisante pour atteindre la Lune (si l'on vise correctement). C'est la méthode utilisée par Jules Verne dans *De la Terre à la Lune*, publié trente ans plus tôt en 1865.

Dodge fait remarquer que pour atteindre la Lune, le projectile doit quitter la bouche du canon avec une vitesse de 11,2 km/s (la vitesse d'évasion de la Terre) plus un petit supplément pour vaincre la résistance de l'air à travers l'atmosphère. Le vaisseau spatial devrait être accéléré du repos à 11,2 km/s sur la longueur du tube du canon, et cela écraserait tous les passagers sans rémission jusqu'à leur broyer les os.

Plus le canon est long, moins l'accélération est forte, mais, dit Dodge, « (...) même si le tube du canon avait une longueur impossible de soixante kilomètres, les pauvres passagers seraient soumis pendant onze secondes à une pression équivalente à une centaine d'hommes allongés sur eux. »

Mais supposons que nous puissions surmonter cette difficulté et imaginer le vaisseau spatial sortir de la gueule du canon avec tous ses passagers vivants. Le vaisseau serait alors comme un simple projectile soumis à la force de gravitation et rien d'autre. Il serait incapable d'infléchir sa course, comme n'importe quel boulet de canon.

Si le vaisseau était visé vers la Lune et finissait par y atterrir, il devrait la frapper avec une vitesse non inférieure à 2,37 km/s (la vitesse d'évasion de la Lune). Et cela signifierait bien sûr la mort immédiate. Ou, comme dit Dodge, « (...) à moins que notre boulet-vaisseau transporte sur son nez une pile de coussins de trois kilomètres de hauteur pour amortir le choc, l'arrivée sera pire que le départ! »

Naturellement, il n'est pas nécessaire que le vaisseau atterrisse sur la Lune. Dodge ne poursuit pas son plan plus loin, mais le projectile peut être visé avec une précision surhumaine de façon à manquer la Lune d'une distance juste suffisante, avec une vitesse juste appropriée, pour qu'il tourne autour de notre satellite sous l'action de sa gravitation et qu'il vienne rejoindre la Terre pour un nouveau rendez-vous.

Si le vaisseau touche alors la Terre, il l'atteindra avec une vitesse pas moindre de 11,2 km/s de sorte que les passagers seront morts par cuisson au passage à travers l'atmosphère avant d'être anéanti par la collision avec le sol ferme ou (ce qui n'est guère mieux à une telle vitesse) l'océan. Et si le vaisseau tombe sur une ville, il tuera des milliers d'innocents de surcroît.

Notre visée initiale surhumaine pourrait avoir ramené le vaisseau vers la Terre à une distance du centre juste suffisante pour le piéger sous l'attraction gravitationnelle de notre planète et le mettre en orbite dans les hautes couches de l'atmosphère. L'orbite se raccourcirait progressivement. En outre, un système de parachutes pourrait être lâché pour hâter le déclin de l'orbite et ramener le vaisseau en surface sain et sauf.

Mais tout cela est vraiment beaucoup trop pour une simple visée, même si l'accélération initiale n'est pas fatale. Feu le plan du projectile.

Le troisième projet est le « Plan du recul ».

Dodge fait observer qu'une arme à feu peut tirer dans le vide et, de ce fait, subir un recul. Nous pouvons imaginer un vaisseau spatial comme une sorte de canon puissant qui pourrait éjecter un projectile vers le bas, de sorte qu'il connaîtrait lui-même un recul vers le haut. Tandis qu'il reculerait, il pourrait éjecter un autre projectile vers le bas et se fournir une autre poussée vers le haut.

Si le canon tire ses projectiles assez rapidement il reculera vers le haut de plus en plus vite, et jusqu'à la Lune.

Dodge argue cependant que le recul s'accroît avec la masse du projectile, et que « pour être efficace, son poids (sa masse, en fait) devrait être égal ou excéder celui du canon lui-même. »

Nous devons alors imaginer un objet qui tirerait une moitié de lui-même, permettant à l'autre moitié de s'élever vers le haut; puis tirant la moitié de ce qu'il lui reste, montant ainsi encore plus vite; puis encore une moitié, et ainsi de suite jusqu'à atteindre la Lune.

Mais quelle masse initiale doit posséder un vaisseau spatial qui perd la moitié de lui-même, puis la moitié de ce qui lui reste, puis encore la moitié, etc? Dodge dit : « Un appareil initial aussi gros qu'une chaîne de montagne serait nécessaire afin de faire atterrir même un petit vaisseau sur la surface de la Lune ». Il croit donc que le Plan du recul est encore moins praticable que le Plan du projectile.

En quatrième vient le « Plan de la lévitation ».

Il fait intervenir rien de moins que, par un moyen ou un autre, la neutralisation de la force de gravitation. Dodge admet qu'un tel écran gravitationnel n'est pas connu, mais il suppose qu'il pourrait être possible d'en découvrir un dans le le futur.

Dans un sens, un ballon rempli d'hydrogène semble annuler la gravitation. Il semble vraiment tomber vers le haut à travers l'atmosphère et exhiber un phénomène de lévitation (d'après un mot latin signifiant « léger ») plutôt que de gravitation (d'après un mot latin signifiant « lourd »).

Edgar Allan Poe, dans son histoire *Aventure sans pareille d'un certain Hans Pfaal* publiée soixante-huit ans plus tôt en 1835, utilise un ballon pour voyager vers la Lune. Un ballon, cependant, flotte simplement sur les couches plus denses de l'asmosphère et ne neutralise pas vraiment la gravitation. Quand il s'élève à une hauteur où l'astmosphère raréfiée devient aussi dense que le gaz contenu dans le ballon, il ne monte pas plus haut. Poe imagine un gaz beaucoup moins dense que l'hydrogène (quelque chose que nous savons aujourd'hui ne pas exister, et impossible) mais même cela ne pourrait pas soulever le ballon plus d'une fraction d'un pour cent de la distance de la Terre à la Lune. Dodge savait cela et ne mentionne même pas les ballons.

Ce que Dodge entend, c'est une véritable neutralisation de la gravitation, telle que H. G. Wells l'avait imaginée dans *Les premiers hommes dans la Lune* publié deux ans auparavant en 1901.

Bien sûr, si vous neutralisez la gravitation vous aurez un poids nul, mais est-ce que cela suffira pour vous porter dans la Lune? Un vaisseau spatial de poids nul ne serait-il pas purement et simplement balloté, livré aux caprices de chaque bouffée d'air? N'irait-il pas à la dérive en une sorte de mouvement brownien? Même si, éventuellement (une longue éventualité, peut-être) il arrivait aux confins de l'atmosphère et allait au-delà, ne quitterait-il pas la Terre dans une direction aléatoire qui ne viendrait rencontrer la Lune qu'au prix d'une succession extraordinaire de coïncidences?

Dodge, cependant, a une meilleure idée du problème. Imaginez-vous dans un vaisseau spatial au repos à l'équateur sur la Terre. La Terre tourne autour de son axe de sorte que chaque point de l'équateur, y compris le vaisseau, tourne autour de l'axe avec une vitesse de près de 0,46 km/s. C'est une vitesse supersonique (environ Mach 1,5) et si vous essayiez de tenir un objet qui vous ferait tourner à cette vitesse, vous ne seriez pas en mesure de le faire la moindre fraction de seconde.

Néanmoins, la Terre est très grande, et l'écart de direction par rapport à la ligne droite est si faible en un temps d'une seconde que l'accélération centrifuge est tout à fait modérée. La force de gravitation qui s'exerce sur le vaisseau est assez intense pour le maintenir à la surface de la Terre malgré la vitesse avec laquelle il tourne. (Il faudrait qu'il soit entraîné à une vitesse soixante-dix fois plus grande pour que la gravitation cesse de le retenir.)

Mais supposez que le vaisseau ait un écran gravitationnel qui enveloppe tout son volume, et que cet écran soit mis en action à un moment donné. Alors, sans gravitation pour le retenir, il est largué de la Terre comme une motte de boue sur une hélice d'avion. Il se déplace en ligne droite suivant la tangente à la courbure de la Terre. La surface de la Terre s'éloigne en dessous de lui, d'abord lentement puis de plus en plus vite; et, si l'on a pris la précaution d'activer l'écran au bon moment, le vol du vaisseau finit par intercepter la Lune.

Dodge ne dit pas que le mouvement de la Terre autour du Soleil introduirait un second facteur, et le mouvement du Soleil par rapport aux étoiles une troisième composante. Néanmoins, ces derniers ne représenteraient que des ajustements relativement mineurs.

L'alunissage serait meilleur que dans tous les plans précédents, car un vaisseau spatial insensible à la gravitation de la Lune n'a pas besoin d'approcher celle-ci avec une vitesse égale à sa vitesse d'évasion. Une fois le vaisseau amené presque en contact avec la surface de la Lune, l'écran peut être coupé et le vaisseau, soudainement soumis à la gravitation relativement faible de la Lune, pour tomber de quelques mètres ou dixièmes de mètres avec une légère secousse.

Et le retour? La Lune tourne très lentement autour de son axe, et un point de son équateur se déplace à 1/100e de la vitesse d'un point de l'équateur terrestre. L'utilisation de l'écran gravitationnel sur la Lune projetterait le vaisseau dans l'espace 100 fois moins vite que sur Terre, de sorte que le voyage de retour durerait 100 fois plus longtemps que l'aller.

Malgré tout, nous pouvons écarter cette idée. Albert Einstein a présenté sa théorie de la relativité générale treize ans après que Dodge a écrit son article, ainsi on ne peut pas reprocher à ce dernier de ne pas avoir su qu'un écran gravitationnel était tout simplement impossible. Feu le Plan de la Lévitation.

Dodge fonde plus d'espoir dans son cinquième projet, le « Plan de la répulsion ». Là, il n'espère pas simplement un moyen de neutraliser la gravitation, mais une certaine forme de force répulsive capable de contrebalancer l'attraction gravitationnelle.

Après tout, il y a deux sortes de charges électriques et deux sortes de pôles magnétiques; dans les deux cas, les charges ou les pôles de même sorte se repoussent. Ne pourrait-il pas exister une répulsion gravitationnelle au même titre que l'attraction, et les vaisseaux spatiaux ne pourraient-ils pas un beau jour utiliser une combinaison des deux : parfois pour être repoussé d'un objet astronomique et d'autres fois être attiré par celui-ci? Cela ne pourrait-il pas nous aider à atteindre la Lune?

En fait Dodge ne prétend pas qu'il puisse exister un phénomène comme la répulsion gravitationnelle, et sa prudence est sage, car d'après les travaux d'Einstein cités plus haut il semblerait que la répulsion gravitationnelle soit impossible.

Dodge parle de la pression de la lumière, cependant, et fait remarquer que dans certains cas elle peut contrebalancer la force de gravitation. Il prend l'exemple de la queue des comètes. On pourrait s'attendre à ce que la gravitation attire la queue vers le Soleil mais la pression de la lumière solaire la repousse dans la direction opposée, surmontant la gravitation.

En fait, il se trompe dans ce cas, car il s'est avéré que la lumière solaire était trop faible pour remplir cette tâche. C'est le vent solaire qui l'accomplit.

La pression de la lumière peut assurément être utilisée comme une force motrice, mais elle est trop faible pour lutter contre l'attraction à proximité d'un corps de bonne taille ou, dans notre cas, contre la résistance de l'air. Le vaisseau spatial devrait partir d'un endroit situé dans l'espace profond et posséder des ailes extrêmement fines de plusieurs kilomètres carrés de surface.

La pression du rayonnement est absolument sans espoir en tant que méthode pour pousser un vaisseau spatial de la surface terrestre à la surface lunaire. Feu le Plan de la répulsion.

Et c'est tout. Dodge est un homme intelligent, bien informé, qui comprend clairement la science de son temps; pourtant si nous considérons ses cinq plans tels qu'il les a décrits, *pas un seul* a le moindre espoir de permettre aux hommes de voyager de la Terre à la Lune.

Or cela s'est fait! Mon père était vivant lorsque l'article a été écrit et a vécu assez longtemps pour voir les hommes marcher sur la Lune.

Comment donc est-ce possible?

Eh bien, avez-vous remarqué le mot que Dodge a omis? Avez-vous remarqué qu'*il n'a pas vu l'autobus?* Il ne prononce pas le mot fusée!

Il n'avait aucune raison de l'omettre. Les fusées étaient connues depuis huit siècles. Elles avaient déjà été utilisées aussi bien à des fins pacifiques que guerrières. Newton, en

1687, avait parfaitement expliqué leur principe de fonctionnement. Même plus tôt, en 1656, Cyrano de Bergerac dans son ouvrage *Le voyage dans la Lune* dresse une liste de sept méthodes pour atteindre la Lune, et il y inclut bel et bien l'utilisation de la fusée.

Comment Dodge a-t-il pu la laisser de côté? Ce n'est pas par manque de clairvoyance. En effet, à la fin de son article, il a été assez perspicace pour entrevoir en 1903 quelque chose que j'essaye laborieusement de faire comprendre aujourd'hui, huit décades plus tard (j'en discuterai dans le prochain chapitre).

Non, il n'a pas mentionné la fusée parce que même les meilleurs d'entre nous ne voient pas les autobus, parfois. (Je me demande, par exemple, quel autobus nous sommes tous en train de manquer, juste en ce moment.)

Dodge n'en était pas loin avec son Plan du recul, s'il n'avait fait une grosse gaffe. Il a cru que pour obtenir un recul digne de ce nom le canon devait tirer une balle de masse au moins égale à lui-même, or c'est faux.

Ce qui compte dans la mise à feu et le recul, dans l'action et la réaction, c'est la quantité de mouvement. Quand une balle quitte un canon avec une certaine quantité de mouvement, le canon acquiert une quantité de mouvement égale dans la direction opposée; or la quantité de mouvement est égale à la masse *multipliée par la vitesse*. En d'autres termes, une petite masse peut produire un recul suffisant si elle est mue avec une vitesse suffisante.

Dans les fusées les vapeurs chaudes sont éjectées vers le bas avec une grande vitesse, et cela continuement; par conséquent le corps de la fusée se meut vers le haut avec une accélération surprenante vu la faible masse des vapeurs éjectées. Il faut encore une masse initiale assez grande pour envoyer un objet relativement petit sur la Lune, mais la disparité est de loin beaucoup moindre que ce que Dodge craignait.

D'autre part, l'effet est continu aussi longtemps que les gaz sont brûlés et les vapeurs éjectées, et cela est équivalent à un projectile en mouvement dans un tube de canon pendant des centaines de kilomètres. L'accélération devient assez faible pour être supportée.

La possession d'une réserve de carburant une fois que la fusée est bien en chemin pour la Lune signifie que celle-ci peut être manœuvrée; sa descente vers la Lune peut être freinée; elle peut à nouveau décoller à volonté pour la Terre; elle peut négocier de façon appropriée son entrée dans l'atmosphère terrestre.

Et c'est vraiment tout, sauf deux coïncidences, une sage et une folle – et vous savez comme j'aime les coïncidences.

La coïncidence sage : la même année que cet article a été écrit pour *Munsey's Magazine*, Konstantin Tsiolkovski a commencé une série d'articles dans un magazine d'aviation russe sur la théorie des fusées spécialement appliquée au voyage dans l'espace. C'était la toute première étude scientifique sur le sujet. Le point de départ de l'astronautique moderne se situe donc à la même époque où Dodge spécule sur tout sauf sur les fusées.

La coïncidence folle : juste à la suite de l'article de Dodge, dans lequel il ne mentionne pas le mot « fusée », ni ne réalise que c'est la fusée, et celle-ci seulement, qui offrirait aux hommes la grande victoire de la conquête de la Lune, il y a naturellement un autre article. Et comment croyez-vous qu'il s'intitule?

Ne cherchez pas, je vais vous le dire.

Son titre est : « La Grande Victoire de la Fusée ».

Non, ce n'est pas quelqu'un qui corrige l'omission de Dodge. C'est une nouvelle de fiction ayant comme sous-titre : « Le stratagème grâce auquel Willie Fetherston a gagné une course et une fiancée ». « La Fusée », dans cette histoire, est le nom d'un cheval.

14

OÙ LE CIEL EST PARTOUT AU BEAU FIXE

Comme vous vous en souvenez, l'article de Ernest Green Dodge, Maître es-lettres, intitulé « Les Hommes peuvent-ils visiter la Lune? » dresse une liste de cinq possibilités pour atteindre notre satellite, toutes totalement sans espoir, mais omet la seule méthode en fait possible – la fusée – qui a fini par être utilisée.

Dans la dernière partie de l'article, par contre, il considère brièvement la question : « Que peut nous apporter la Lune, même si les hommes réussissent à l'atteindre? »

Il note que celle-ci est dépourvue de vie, d'air et d'eau, et qu'il y règne un « froid indicible » pendant sa longue nuit. En cela il a parfaitement raison, mais il poursuit en commettant l'erreur curieuse de dire que la température de la Lune est « en dessous du point de congélation de l'eau même à midi ».

Il est sûr que des mesures directes et précises de la température de la surface de la Lune n'allaient pas encore être réalisées au cours du prochain quart de siècle. Néanmoins, en considérant que les rayons du Soleil frappent la surface lunaire avec une même concentration que la surface terrestre; que la Lune n'a pas de courants aériens ou marins pour transporter la chaleur et la disperser plus ou moins également sur le globe; que l'ensoleillement y dure sans interruption pendant quatorze jours de suite en tout lieu, il était raisonnable (et en fait inévitable), même en 1903, de conclure que de hautes températures étaient atteintes pendant la journée lunaire.

De fait, la température de la Lune à l'équateur à midi est juste un petit peu supérieure au point d'ébullition de l'eau.

Cependant, si Dodge avait tort à la lettre il avait raison dans l'esprit, puisque une température aussi élevée rendrait la Lune encore plus désagréable qu'une autre en dessous du point de congélation.

Dodge note que, malgré tout, « les hommes pourraient demeurer là pour un temps en s'abritant dans des maisons aux murs épais et étanches à l'air, et pourraient se déplacer au dehors dans des scaphandres de plongée étanches ». Nous appellerions cela des combinaisons spatiales aujourd'hui et, en toute probabilité, les astronautes vivraient en sous-sol plutôt que dans des « maisons », mais la question se pose toujours : pourquoi aller au-devant de tous ces ennuis?

Dodge donne cinq réponses qui touchent tous les points fondamentaux, à mon avis. Examinons-les chacune à leur tour.

1. « Les scientifiques trouveront dans les régions désertiques lunaires des domaines vierges à explorer. »

L'année 1903 correspond, bien sûr, au point culminant des expéditions polaires. Des hommes intrépides sont en marche vers les pôles Nord et Sud avec une farouche détermination. Robert E. Peary atteindra le premier en 1909 et Roald Amundsen le second en 1911.

Il est possible que Dodge ait cette sorte d'exploration en tête et, si c'est bien le cas, il ne compte pas suffisamment sur les progrès de la technologie. Les satellites placés en orbite autour de la Lune ont renvoyé des dizaines de milliers de photographies vers la Terre et il a été tiré de celles-ci une carte complète de la Lune sans qu'aucun humain n'ait quitté notre planète. Cela ne laisse pratiquement rien à faire aux explorateurs du type Peary/Amundsen.

L'affirmation reste cependant juste. Les scientifiques *trou-*

veraient dans la Lune un champ d'exploration, si l'on envisage la quête de subtiles traces géologiques, physiques ou chimiques capables d'éclairer l'histoire passée de la Lune (et, quant à cela, du Soleil, de la Terre, et du système solaire en général). Cela a déjà commencé avec les échantillons de roches ramenés par les astronautes d'Appolo, mais pourrait être poursuivi beaucoup plus efficacement et plus en détails s'il y avait une base permanente sur la Lune.

2. « Les astronomes pourraient planter là leurs téléscopes, libérés de leur entrave la plus pesante, l'atmosphère terrestre. »

Ici pas de discussion possible. Nous projetons de mettre en orbite des téléscopes de taille moyenne autour de la Terre; on pourrait donc supposer que nous n'avons pas vraiment besoin de la Lune. Supposez toutefois que nous voulions mettre en service un système réellement important de radiotéléscopie en dehors du domaine croissant couvert par les ondes radio émises par la technologie humaine. La plate-forme offerte par la face cachée de la Lune, protégée de la Terre par plus de trois mille kilomètres de roches, serait sans pareille. (A l'époque où Dodge écrit, l'exploit réalisé par Guglielmo Marconi de la transmission d'un message radio à travers l'Atlantique à moins de deux ans. On ne peut pas lui en vouloir de ne pas avoir rêvé à l'émergence d'une technique comme la radio-astronomie. Qui aurait bien pu la prévoir alors?)

3. « Les touristes des classes aisées en quête d'aventure ne manqueront pas de visiter le satellite, et de somptueux hôtels devront être entretenus pour les loger. »

C'était en 1903, souvenons-nous, à l'époque où les rejetons des familles dominantes britanniques se devaient de se rendre en Afrique ou en Inde pour aider à la construction de l'Empire, et où les membres des classes supérieures, privés de tout travail honnête, étaient contraints de se livrer à des activités futiles comme l'alpinisme ou la chasse au gros gibier (distingue-t-on mes partis pris?). En revanche, je suis sûr qu'il finira par y avoir un tourisme lunaire, mais j'espère qu'il sera dans une large mesure accessible à *toutes* les « classes ».

4. « Il est tout à fait probable que des veines de métaux précieux, des gisements de diamants et une abondance de souffre puissent être découverts sur un monde de nature aussi hautement volcanique. »

Sans aucun doute Dodge pense que la Lune est « hautement volcanique » parce qu'il suppose que les cratères sont le reliquat de volcans autrefois actifs. Il est maintenant bien établi que les cratères sont le produit du bombardement météorique aux premiers stades de formation du système solaire, à l'époque où le processus de coalescence des morceaux de matière en planètes a encore cours. Cependant, les chocs les plus forts ont très bien pu briser la croûte et provoquer un jaillissement de magma pour former les mers lunaires. Passons donc là-dessus.

Mais, les « veines de métaux précieux, gisement de diamants »? Nous savons à présent que la Lune n'est pas un riche filon d'argent, d'or, de platine ou de diamants, mais concédons à Dodge qu'il ne pouvait pas le savoir en 1903.

Et même, supposons que des métaux précieux et des diamants *soient* effectivement trouvés sur la Lune en abondance. Et après? La tâche d'aller les chercher et de les ramener ensuite ajouterait tellement à leur prix qu'il serait plus économique de continuer à gratter l'ingrate croûte terrestre pour les y déterrer.

Même encore si le progrès technologique rendait possible de rapporter ces choses « précieuses » à un moindre coût, cela serait inutile. Dodge fait l'erreur de confondre des matières couteuses avec des matières de valeur. L'or, l'argent, le platine et les diamants sont chers et convoités parce qu'ils sont rares. Les diamants peuvent être utilisés dans l'industrie comme abrasifs, le platine dans les ustensiles de laboratoire, l'or pour boucher les dents et l'argent dans les films photographiques; mais si tous ces matériaux étaient aussi communs que le fer, tous les usages qu'on pourrait leur imaginer ne suffiraient à consommer qu'une faible fraction de leur masse disponible.

Il resterait leur usage ornemental, car pour leur part l'or et le diamant sont d'une beauté indéniable. Néanmoins s'ils devenaient si communs que tout le monde pourrait en porter ils ne seraient plus si enviés. Je ne crois pas qu'il soit nécessaire de discuter la question.

Par conséquent, la question de savoir si l'on peut trouver des métaux précieux ou des diamants sur la Lune n'a aucune importance. Ce dont nous avons vraiment besoin pour qu'il vaille la peine d'aller sur la Lune est un produit de valeur *effective,* plutôt que de coût élevé, et qui puisse être utilisé sur place ou à proximité dans l'espace.

Dodge est plus près du but lorsqu'il parle du souffre. Le souffre n'est pas une substance particulièrement belle ou qui puisse être convoitée pour elle-même. En revanche, il est la base de l'acide sulfurique qui, si l'on met de côté les produits fondamentaux comme l'énergie, l'air, l'eau et le sel, est la substance la plus utilisée de l'industrie chimique.

Mais si Dodge se trompe dans son choix, il a raison dans l'esprit, car la croûte lunaire peut être utilisée comme source de nombreux métaux de construction, d'argile, de terre, de ciment, de verre, d'oxygène : tous les matériaux fondamentaux pour la construction de structures dans l'espace. En vérité, si nous devons développer une technologie dans l'espace elle sera principalement soutenue par des stations minières sur la Lune.

5. Dodge en vient ensuite à son dernier point, et c'est alors un brillant final. Il dit : « La population du monde est capable de s'accroître énormément (...) Et les besoins du monde en puissance motrice (énergie) s'accroissent beaucoup plus rapidement que la population. »

En cela Dodge a tout à fait raison, mais c'est tellement évident que toute personne sensée l'aurait compris, même en 1903, si elle avait bien voulu y réfléchir. Néanmoins je suppose qu'en 1903 très peu de personnes se seraient senties alarmées par la question. Le monde occidental était encore porté par la vague d'optimisme du XIXe siècle et il fallut la Première Guerre mondiale onze ans plus tard pour la fracasser.

Dodge, poursuit son raisonnement en mettant le doigt sur un point qui en fait un homme en avance de deux générations sur son temps. Il dit : « Nos réserves de charbon et de bois sont limitées et ne tarderont pas à être épuisées. »

A l'époque de Dodge des produits pétroliers sont déjà utilisés comme carburant, mais encore dans une très faible mesure. Dodge n'a pas prévu que la prolifération du moteur à combustion interne des automobiles aux avions allait, en moins d'un demi-siècle, promouvoir le pétrole au rang de principale source d'énergie de l'humanité, reléguant dans l'ombre ses « charbon et bois ».

Cela ne diminue pas la pertinence de sa remarque, cependant, car le pétrole est bien plus limité en quantité que le charbon et, à la différence du bois, non renouvelable. En bref, charbon et pétrole seront également épuisés un jour – le pétrole bien avant le charbon – et le bois ne peut seul soutenir notre population et notre technologie actuelles. Que peut-on faire, alors?

Dodge est conscient de l'existence de sources d'énergie alternatives. Il dit : « Les chutes d'eau peuvent beaucoup apporter. Les moulins à vent ne sont pas à négliger. » L'implication est néanmoins claire qu'en eux-mêmes ils ne suffisent pas. Il y a d'autres sources d'énergie alternatives dont il ne parle pas : l'énergie des vagues, des courants océaniques, des marées, de la différence de température entre la surface et les profondeurs de la terre ou de la mer, etc. Toutes sont, ou peuvent être, utiles mais peut-être ne suffiront pas toutes réunies.

Il ne mentionne pas (ou même imagine, je suppose) l'énergie nucléaire, bien que celle-ci ait été découverte quelques années auparavant et que H. G. Wells ait spéculé sur la question dès 1901. Mais enfin, 1903, c'est un peu tôt, et je ne vais pas vouer Dodge aux gémonies pour être passé à côté.

En revanche, Dodge continue en disant : « Des moteurs solaires, munis de miroirs concaves pour rassembler les rayons du Soleil, ont été mis au point au cours de ces derniers temps, et ces derniers accompliront des merveilles dans le futur, même si dans notre atmosphère lourde et nuageuse leur ressource ne sont pas sans limites. Car des moteurs solaires fonctionneraient à bien meilleur avantage sur la Lune que sur Terre. »

Je trouve cela remarquable. Il a prévu les stations à énergie solaire dans l'espace quarante ans avant que je spécule à leur sujet dans ma nouvelle « Raison » et soixante ans avant que les scientifiques ne commencent sérieusement à y penser. Je me demande si ce n'est pas la première fois qu'une telle chose est vraiment mentionnée. (Si l'un de mes chers lecteurs connaît un précédent dans la science ou la science-fiction, j'aimerais bien en entendre parler.)

Assurément Dodge pense à l'énergie solaire en terme de concentration des rayons du Soleil, une concentration qui accumulerait en un seul point de la chaleur autrement dispersée. De grands miroirs focaliseraient la lumière sur un réservoir d'eau jusqu'à le faire bouillir et produire de la vapeur. Nous aurions ainsi une machine à vapeur avec la lumière solaire remplaçant le charbon pour la production de vapeur. Cela aurait l'avantage que le Soleil, à la différence du charbon, ne sera jamais épuisé – tout du moins avant des milliards d'années.

Dodge, en expliquant les avantages de la Lune, montre clairement qu'il pense en terme de machine à vapeur, car il dit que la machine lunaire fonctionnerait mieux « en partie à cause de l'absence de nuages et de brume, mais principalement grâce aux basses températures auxquelles les vapeurs condensées pourraient être dégagées des cylindres ». (Là encore, voyez-vous, Dodge travaille dans l'idée que la surface lunaire serait très froide même sous le Soleil.)

Vers 1903, cependant, l'utilisation des machines à vapeur pour faire tourner un générateur d'énergie électrique devient de plus en plus courante. Cette utilisation s'est régulièrement accrue dans les décades qui ont suivi, mais dès 1903 il aurait été possible de se demander si la lumière ne pouvait pas directement être transformée en électricité, sans payer son tribut à la machine à vapeur. Après tout, une telle conversion directe (l'effet photoélectique) était déjà connue.

En 1840, le physicien français Alexandre Edmont Becquerel montre que la lumière est capable de produire des réactions chimiques qui, à leur tour, peuvent produire des courants électriques. Ce n'était pas exactement une conversion *directe* de la lumière en électricité mais cela montrait l'existence d'un lien.

On trouve un phénomène plus direct dans l'élément sélénium, qui, avec son élément frère le tellure, ressemble beaucoup au souffre quant à ses propriétés chimiques. C'est le tellure qui a été découvert le premier bien qu'étant le moins commun.

Le tellure a été découvert en 1783 par le minéralogiste autrichien Franz Joseph Müller. La découverte est confirmée en 1798 par le chimiste allemand Martin Heinrich Klaproth, qui a la délicatesse d'en rendre tout le crédit à Müller. C'est néanmoins Klaproth qui donne un nom au nouvel élément : le tellure, d'après le mot latin pour désigner la Terre. A ce qu'il semble, il choisit ce nom parce qu'il avait auparavant découvert un élément qu'il avait appelé uranium du nom de la planète nouvellement découverte, Uranus, elle-même ainsi nommée d'après le nom du dieu grec du ciel. Les deux éléments font ainsi référence à la Terre et au ciel.

En 1817 le chimiste suédois Jöns Jacob Berzelius découvre une trace d'une substance étrangère dans l'acide sulfurique, quelque chose qu'il prend pour un composé du tellure. Après examen plus approfondi, il conclut en 1818 que la substance qu'il a trouvé ne contient pas du tellure mais un élément inconnu aux propriétés similaires. Il veut trouver un contrepoint à la « Terre » représentée par le tellure, et comme le « ciel » est déjà pris, il choisit la « Lune » : il appelle le nouvel élément sélénium, du nom de la déesse grecque de la Lune.

Le sélénium existe sous différentes formes qui dépendent de l'arrangement de ses atomes. Une d'entre elle est de couleur grise argentée et est parfois appelée « sélénium gris ». Cette dernière exhibe certaines propriétés métalliques comme, par exemple, une légère tendance à conduire un courant électrique, que les autres formes ne présentent pas.

Cette tendance est assez faible, mais en 1873 Willougby Smith remarque que lorsque le sélénium est exposé à la lumière solaire, la conductivité électrique de l'élément s'accroît nettement. De retour dans l'obscurité la conductivité s'affaiblit pour retrouver son bas niveau initial au bout d'un court intervalle. A l'époque, la découverte ne soulève pas particulièrement d'intérêt, mais c'est la première démonstration d'une conversion *directe* de la lumière en électricité.

Puis, en 1888, le physicien allemand Heinrich Rudolf Hertz mène des expériences sur les courants électriques forcés à traverser un petit intervalle d'air (expériences qui conduisirent à la découverte des ondes radio). Il observe que lorsque de la lumière ultraviolette éclaire le côté négativement chargé de l'intervalle, le courant électrique traverse celui-ci plus facilement. Cette fois-ci le monde scientifique est à l'écoute, et Hertz est généralement crédité pour la découverte de l'effet photoélectrique bien qu'il fût déjà observé dans le comportement du sélénium par Smith quinze ans auparavant.

L'effet photoélectrique provient du fait que la lumière est capable d'éjecter des électrons hors des atomes, pour une longueur d'onde et un atome donnés. Les physiciens n'ont pu expliquer les détails exacts de l'effet avant 1905, quand Einstein a appliqué la théorie quantique alors toute récente au problème, travail pour lequel il recevra un prix Nobel.

Cependant l'application pratique d'un phénomène observé n'a pas besoin d'attendre son explication scientifique correcte.

En 1889, par exemple, un an seulement après la démonstration de Hertz, les physiciens allemands Johan P. L. J. Elster et Hans Friedrich Geitel travaillent ensemble sur l'effet photoélectrique.

Ils sont capables de montrer que certains métaux présentent plus facilement l'effet photoélectrique que d'autres (c'est-à-dire, que les électrons sont plus facilement arrachés de certains atomes que d'autres). Les métaux alcalins sont plus sensibles à l'effet, or les métaux alcalins les plus communs sont le sodium et le potassium. Elster et Geitel travaillent donc avec un alliage de sodium et de potassium et découvrent qu'un courant peut y être engendré ou forcé à passer à travers un intervalle d'air sans difficultés en présence de lumière visible, mais pas dans l'obscurité.

C'est la première « cellule photoélectrique », qui pouvait être utilisée pour mesurer l'intensité de la lumière. Plus l'intensité lumineuse est grande, plus le courant électrique est grand; et tandis que la première est difficile à mesurer directement, le dernier ne pose aucune difficulté de mesure.

Bien que les scientifiques aient pu, et ils le firent, utiliser les cellules photoélectriques au sodium-potassium à des fins scientifiques, ces dernières n'étaient pas très pratiques pour la vie quotidienne. Le sodium et le potassium sont des substances très actives et dangereuses, qui nécessitent une grande prudence dans les manipulations.

A peu près en même temps que Elster et Geitel réalisent leur cellule photoélectrique, cependant, un inventeur américain, Charles Fritts, exploite l'étrange propriété du sélénium gris que Smith avait auparavant observé. Fritts prépare de petites tranches de sélénium recouvertes d'une mince couche d'or. Il les incorpore dans un circuit électrique de manière à ce qu'un courant ne circule que lorsque les tranches de sélénium (un autre genre de cellule photoélectrique) sont éclairées.

Les cellules photoélectriques, donc, existent depuis près de quatre ans quand Dodge écrit son article pour *Munsey's Magazine*. Ce sont encore des dispositifs insolites et je ne peux pas blâmer Dodge de ne pas en avoir entendu parler. D'autre part, même s'il en a eu connaissance, elles ne paraissent guère plus à l'époque que de petits gadgets condamnés à des usages mineurs, et certainement pas candidats à la conversion de la lumière solaire en énergie utile sur une grande échelle. En effet, malgré les proclamations grandiloquentes de Fritts, les cellules au sélénium convertissent moins de 1 pour 100 de la lumière qui les éclaire en électricité : soit un rendement assez catastrophique.

En revanche, les cellules au sélénium peuvent être utilisées pour des applications mineures. La plus familière d'entre elles pour le grand public est l'« œil électrique ».

Supposons une porte équipée d'un dispositif qui lui permet de rester ouverte si son action n'est pas contrecarrée. Supposons en outre qu'un petit courant électrique puisse enclencher un relai capable de mettre en route un courant plus grand destiné à contrer l'action du dispositif ci-dessus afin de refermer la porte. Le petit courant électrique passe dans un circuit qui contient une cellule photoélectrique au sélénium.

Supposons ensuite une petite source lumineuse d'un côté de la porte qui envoie un rayon en travers sur la cellule photoélectrique située de l'autre côté. Tant que le rayon est présent, la cellule au sélénium permet le passage du petit courant qui maintient le relai enclenché et la porte fermée.

Si à tout moment intervient une interruption du rayon lumineux, même de courte durée, la cellule de sélénium momentanément plongée dans l'obscurité refuse le passage au courant. Le petit courant disparaît, le relai se désenclenche, et il n'y a plus rien pour maintenir la porte fermée. La porte s'ouvre donc et reste ouverte jusqu'à ce que le faisceau soit rétabli pour déclencher sa fermeture.

Une personne qui approche de la porte coupe le faisceau de son corps juste avant de l'atteindre. La porte s'ouvre « d'elle-même » à ce moment pour la laisser passer puis se referme à nouveau.

(J'ai souvent imaginé qu'avec quelqu'un qui ignorerait tout de l'œil électrique, on pourrait à l'approche de la porte crier : « Sésame, ouvre-toi! » L'espace d'un moment, l'observateur abasourdi pourrait se croire devant la grotte d'Ali Baba dans les *Mille et une Nuits*. C'est l'idée exprimée par Arthur C. Clarke quand il dit que la technologie avancée est équivalente à la magie pour le non-initié.)

Les cellules au sélénium, et les cellules photoélectriques en général, n'ont pas connu d'amélioration perceptible pendant la première moitié du siècle. En 1948, des chercheurs de la Bell Telephone inventent le transistor * et ça change tout. Le transistor fonctionne parce que des électrons peuvent être libérés d'atomes comme ceux du silicium et du germanium. Les recherches sur les transistors impliquent donc des recherches sur des matériaux susceptibles de présenter un effet photoélectrique.

Cela ne fut pas immédiatement évident, bien sûr, et quand Darryl Chapin de la Bell Telephone recherche une source d'énergie utilisable dans les systèmes téléphoniques pour les zones isolées (une source capable de maintenir le système en fonctionnement quand les sources conventionnelles faillissent), il essaye les cellules au sélénium. Ça ne marche pas. Pas assez de lumière peut être convertie en électricité, et s'évanouit tout espoir de mettre au point un système pratique.

Ailleurs à la Bell Telephone, pourtant Calvin Fuller travaille avec le type de tranches de silicium utilisées pour les transistors, et il apparait, plus ou moins par accident, que la lumière solaire est capable d'y produire un courant électrique. Fuller et Chapin travaillent de concert et produisent la première cellule solaire pratique.

Même les premières cellules solaires qu'ils réalisent ont un rendement de 4 %, et ils finissent par élever ce rendement jusqu'à 16 %.

A partir de là, il devient possible de rêver à l'énergie solaire d'une manière plus sophistiquée que les miroirs concaves imaginés par Dodge. Supposons des kilomètres carrés de cellules solaires installées dans un désert, où l'ensoleillement est relativement régulier. Ne pourraient-elles pas produire un flot d'électricité non polluant, permanent, en grande quantité?

Le problème est que les cellules solaires, quoique peu

* (Voir « Une vie-silicium quand même » dans X *comme inconnu*, Londreys, 1984.)

chères en elles-mêmes, dans la quantité énorme requise pour couvrir une surface suffisante de la Terre, coûteraient un prix prohibitif. Il faut ajouter à cela les vastes dépenses d'entretien nécessaires après installation.

Néanmoins les cellules solaires ont trouvé usage dans des applications mineures comme l'alimentation en énergie des satellites, et se sont montrées parfaitement à la hauteur de la tâche. (J'utilise une calculatrice de poche alimentée par des cellules solaires, qui n'est munie d'aucune pile et n'en aura jamais besoin.)

Il est nécessaire de rendre les cellules solaires meilleur marché, plus efficaces et plus fiables. Au lieu d'utiliser des gros cristaux uniques de silicium à partir desquels sont découpés de fines tranches, il pourrait devenir possible d'utiliser du silicium amorphe composé de minuscules cristaux pressés les uns contre les autres dans tous les sens – ce qui serait *beaucoup* moins cher à produire.

Et au lieu d'installer des champs de cellules solaires dans le désert, où l'air n'est pas parfaitement transparent (en particulier quand le Soleil est bas sur l'horizon), on pourrait les installer sur la Lune, où pendant deux semaines de suite tout le ciel est au beau fixe et où il n'y a pas d'air pour gêner – ou même dans l'espace, où il n'y a presque jamais de nuit et où le ciel est presque toujours partout ensoleillé.

De cette façon, le rêve romantique de Dodge pourrait finir par devenir réalité.

15

TOUJOURS PLUS HAUT

J'étais à Boston l'autre semaine pour participer à l'inauguration d'un nouveau bâtiment du centre médical universitaire. Je suis tout de même professeur de biochimie là-bas, et je me dois de faire *quelque chose* de temps en temps pour le rappeler.

Je donnais une causerie après le déjeuner et je fus interviewé avant le repas pour un article à paraître le lendemain dans *USA Today* – dans un numéro que je n'eus pas l'occasion de voir (en dépit de la réputation qui m'attribue un ego monstrueux, je ne réussis généralement pas à me voir dans les journaux ou à la télé. Je me demande pourquoi. N'aurais-je pas *vraiment* un ego monstrueux?).

Deux jours plus tard, quelqu'un me dit : « Il y a un interview de toi dans le numéro d'hier de *USA Today*.

– Vraiment? Je ne l'ai pas vu. Est-il intéressant?

– Ils disent que tu ne prends jamais l'avion. »

Grande nouvelle! A chaque fois que je suis interviewé il est fait écho de la chose. Depuis des années et des années, aucun journaliste n'a manqué de me demander pourquoi je ne volais pas. La réponse est naturellement que j'ai peur de voler et que je ne vois pas l'intérêt de lutter contre cette peur. Et puis après? Pourquoi cela fait-il les gros titres à chaque fois?

Quand je suggère que le fait de ne pas voler n'est pas très

important, l'interlocuteur se sent forcé de méditer sur le fait curieux que je vole d'un bout à l'autre de l'univers en imagination mais que je ne vole pas dans la vie réelle.

Mais, encore une fois, et après? J'ai aussi écrit des romans policiers sans avoir jamais commis de meurtre et des histoires fantastiques sans avoir jamais jeté de sort dans la vie réelle.

Je suis un peu fatigué d'être une source d'étonnement pour tout le monde parce que je ne vole pas, et je caresse parfois la pensée que ces ennuis m'auraient été épargnés si toute cette affaire n'avait jamais été imaginé un jour.

Aussi, remontons à l'origine de cette grande affaire de la conquête du ciel et posons-nous une question. Quel est le nom du premier aéronaute?... Non, ce n'est pas Orville Wright.

Les hommes ont toujours voulu voler. Je suppose que ce qui leur en a donné l'idée première est l'existence de créatures vivantes qui volent. Il y a trois groupes d'animaux actuellement en existence qui ont développé une faculté réelle de voler : les insectes, les oiseaux et les chauves-souris. (Il y avait aussi un quatrième groupe – les reptiles volants du Mésozoïque, aujourd'hui éteints – dont l'existence est restée inconnue aux hommes jusqu'au XIXe siècle.)

Tous les organismes volants ont une chose en commun : des ailes qui battent l'air. Chaque variété a cependant des ailes caractéristiques. Les hommes ont attribué chaque type d'aile à un personnage mythique approprié, et ainsi contribué aux popularités relatives des trois variétés. Ainsi, les démons et les dragons arborent des ailes de chauves-souris; les fées, des ailes de papillon éthérées; les anges, de grandes ailes d'oiseaux.

Lorsque les hommes rêvaient de vol, ce pouvait être aussi par le simple biais de la magie : les tapis volant au son d'un mot magique, les chevaux de bois qui s'élèvent dans les cieux d'un coup de baguette, etc. Quand un certain réalisme est exigé, la créature volante est imaginée posséder des ailes.

L'exemple le plus célèbre en est Pégase, le cheval ailé.

Personne au cours de l'Antiquité ne semble avoir remarqué que tous les organismes volants sont petits. Les insectes sont minuscules, les chauves-souris de la taille d'un mulot, et même les plus grands oiseaux volants sont bien plus petits que beaucoup d'animaux non volants (y compris les oiseaux qui ne volent pas comme les autruches). S'ils avaient remarqué cela, les gens en auraient déduit qu'il n'y avait pas de moyens raisonnables par lesquels des créatures vraiment massives pussent voler. Il ne pouvait pas y avoir de pythons ailés (dragons) ni de chevaux ailés... ni d'hommes ailés.

Si les gens ont ignoré cette déduction évidente (après coup), c'est peut-être parce qu'il leur semblait que la clef du vol était autre chose que la petitesse. Les oiseaux sont les créatures volantes *par excellence* *, et ce qu'ils ont que les autres n'ont pas ce sont... les plumes.

En outre, il est facile d'associer les plumes avec le vol. Elles sont si légères que cette qualité est passée en proverbe. « Léger comme une plume » dit le cliché. Une petite plume duveteuse se déplace dans l'air à la dérive, soulevée par la moindre bouffée de vent comme si elle essayait de voler d'elle-même, quoique dépourvue de la vie nécessaire.

Il semblait naturel de supposer que si un homme voulait prendre son envol ce n'était pas tant d'ailes dont il devait se munir, mais de plumes.

Ainsi Dédale, dans la mythologie grecque, lorsqu'il veut s'échapper de Crète, fabrique des ailes en collant ensemble des plumes avec de la cire. Lui et son fils Icare ainsi équipés de ces assemblages de plumes en forme d'ailes sont capables de voler, non par quelque moyen tant soi peu aérodynamique mais par la simple vertu aéronautique des plumes. Quand Icare vole trop haut et par conséquent trop près du Soleil, la cire fond, les plumes se détachent, et il chute vers sa mort.

En vérité, jamais autre chose qu'un oiseau n'a volé à l'aide

* En français dans le texte.

de plumes; aucun être humain ni aucun appareil n'a jamais volé en battant des ailes, équipées ou non de plumes. La propulsion aérienne active, quand son heure est venue, a été rendue possible par l'hélice en rotation ou l'éjection des gaz du réacteur, méthodes jamais utilisées par aucun organisme volant naturel.

Cependant, il n'est pas nécessaire de voler pour voyager à travers les airs et être un aéronaute. C'est-à-dire, il n'est pas nécessaire de se déplacer indépendamment du vent. Il suffit de se déplacer *avec,* et de prendre avantage des courants ascendants pour éviter de descendre sous l'action inexorable de la gravité – du moins momentanément. Se déplacer ainsi avec le vent, c'est « planer ».

Des oiseaux parfaitement capables de voler planent parfois pendant de longues durées, leurs ailes déployées et maintenues immobiles. N'importe qui regardant un oiseau le faire pourrait bien avoir l'impression que planer est plus plaisant que voler. Voler nécessite un effort constant et pénible tandis que planer est de tout repos.

Certains animaux (l'écureuil volant, le maki volant, le phalanger volant et d'autres) qui ne volent *pas* peuvent néanmoins planer. Leurs « vols » sont assurément assez limités comparés à ceux des volants confirmés. Les planants sont passifs plutôt qu'actifs : ils se déplacent au gré du vent plutôt qu'à leur propre gré.

En revanche, il est bien plus simple d'imiter l'acte de planer que celui de voler. N'importe quoi de léger et de plat qui présente une grande surface à l'air peut être amené à planer. Faites un objet planant assez léger et assez grand, concevez un moyen de le manœuvrer à partir du sol afin de lui faire prendre avantage des courants ascendants, et vous avez un cerf-volant – objet utilisé comme jouet depuis l'antiquité en Asie orientale.

Plus le cerf-volant est grand, plus sa surface est grande pour son poids total, plus il pourra porter de poids étranger. Si un cerf-volant est fait assez grand (et assez résistant) il peut porter un être humain. Tout particulièrement quand la science de l'aérodynamisme se développe et qu'un grand cerf-volant (ou « planeur ») est modelé de façon à améliorer son efficacité. En 1891 l'aéronaute allemand Otto Lilienthal (1848-1896) construit le premier planeur capable de porter un être humain et prend son vol avec. (Cinq ans plus tard, hélas, Lilienthal meurt dans l'écrasement d'un planeur).

Nous savons tous que les planeurs ressemblent à de fragiles avions sans moteur ni hélice. En fait, en 1903, quand les frères Wilbur Wright (1867-1912) et Orville Wright (1871-1948) inventent l'aéroplane, ils ajoutent un moteur et des hélices à un planeur qu'ils avaient améliorés sur plusieurs points.

Peut-on dire, donc, que Otto Lilienthal a été le premier aéronaute? Non, nous aurions tort, car Lilienthal n'est pas le premier à plus d'un siècle près. Il existe une troisième voie pour voyager de manière utile * à travers les airs; ni en volant ni en planant, mais en *flottant*.

Depuis les sombres commencements de la pensée humaine, les gens ont dû nécessairement remarquer que la fumée d'un feu se déplaçait vers le haut à travers les airs et qu'au voisinage du feu de légers objets – de la cendre, de la suie, des fragments de plumes ou de feuilles – s'élevaient avec la fumée.

Sans aucun doute, pas un sur un million parmi ceux qui observaient cela ne fut inspiré de la moindre réflexion. Ce ne fut pas le cas des philosophes grecs, par contre, puisqu'ils faisaient leur affaire de donner un sens à l'univers. Aristote, dans son récapitulatif de la science de son temps, explique le phénomène de la manière suivante vers 340 av. J.-C. :

L'univers est composé de cinq substances fondamentales : la terre, l'eau, l'air, le feu et l'éther. Ils se répartissent en enveloppes concentriques. La terre est au centre une sphère

* Je mets hors compte la chute ou le saut du haut d'une falaise, l'enlèvement par une tornade ou autres événements destructifs...

solide. Autour se trouve une couche d'eau (insuffisante pour constituer une enveloppe entière, de sorte que les continents sont à nu). Autour de la terre et de l'eau se trouve une couche d'air, entourée par une couche de feu (ordinairement invisible, mais qui apparaît occasionnellement sous la forme des éclairs). Complètement à l'extérieur se trouve l'éther, qui compose les corps célestes.

Chaque substance a son emplacement, et quand pour une raison ou une autre elle ne se trouve pas à sa place elle se hâte d'y revenir. Ainsi, tout objet solide suspendu dans l'air tombe vers la Terre dès qu'il est relâché. Pour leur part, l'eau et l'air piégé en sous-sol auront tendance à monter lorsqu'ils seront relâchés. En particulier, un feu une fois allumé s'efforcera d'atteindre sa place au-dessus de l'air. C'est pourquoi les flammes bondissent vers le haut. La fumée, qui contient beaucoup de particules ardentes, se déplace aussi vers le haut à travers les airs, et avec une telle force qu'elle peut entraîner des particules d'autres substances que le feu, du moins fugitivement.

C'était une explication très sensée, vu les connaissances de l'époque, et la question ne fut pas discutée de manière plus approfondie.

Bien sûr, l'explication suscitait quelques problèmes. Une pierre lâchée à la surface d'une mare coule au fond de l'eau pour trouver repos au contact de la terre, comme le prévoit la théorie d'Aristote. Le bois, en revanche, substance de nature solide comme la pierre, qui devrait donc être considéré comme une forme de terre, ne coule pas lorsqu'il est lâché à la surface d'une mare mais reste là à flotter indéfiniment.

Une explication aristotélicienne pourrait être que le bois contient des particules d'air mêlées en sa substance qui lui communiquent un mouvement vers le haut pour le faire flotter – et ce n'est pas une si mauvaise tentative d'explication.

Le mathématicien grec Archimède (287-212 av. J.-C.) dégage cependant les principes de la flottabilité. Ils expliquent le flottement d'un objet solide en comparant sa densité avec celle de l'eau. Un solide moins dense que l'eau flotte sur celle-ci. Le phénomène est ainsi appréhendé en termes quantitatifs et non plus simplement qualitatifs. En mesurant la densité d'un objet, on peut non seulement prévoir s'il flotte mais savoir exactement de quelle profondeur il s'enfoncera dans l'eau avant de rester au repos. On peut aussi expliquer pourquoi un objet qui ne flotte pas voit néanmoins son poids diminuer lorsqu'il est immergé dans l'eau, et évaluer précisément de combien il sera réduit.

Bref, l'explication d'Archimède était bien plus satisfaisante que celle d'Aristote.

Il s'ensuit, donc, que le principe de flottabilité pouvait tout aussi bien être appliqué à l'air. Un objet moins dense que l'air s'élèvera dans l'air tout comme un objet moins dense que l'eau s'élèvera dans l'eau. Cette analogie ne vient à l'esprit de personne, cependant, pendant les huit siècles qui suivent l'époque d'Archimède; simplement parce que personne ne pense l'air en aucune façon analogue à l'eau. En effet, l'air n'est pas reconnu comme une véritable substance.

Le tournant vient en 1643, quand le physicien italien Evangelista Toricelli (1608-1647) montre que l'atmosphère (et donc toute portion d'air) a un poids mesurable. L'atmosphère peut en effet soutenir une colonne de mercure de soixante-seize centimètres de hauteur (une telle colonne a constitué le premier baromètre). Ainsi, l'air est reconnu comme une forme de matière – de la matière très diffuse, mais de la matière quand même.

On pouvait déduire de la découverte de Toricelli que si un volume donné d'une substance pesait moins que le même volume d'air, cette substance serait moins dense que l'air et s'élèverait.

Enfin, en 1648, le mathématicien Blaise Pascal (1623-1662) persuade son beau-frère de monter sur le Puy de Dôme avec deux baromètres et montre que le poids de l'atmosphère décline avec l'altitude. En fait, le poids décline d'une telle manière qu'il apparaît clairement que la densité de l'air décline avec la hauteur.

Cela signifie qu'une substance moins dense que l'air s'élèverait jusqu'à atteindre une hauteur à laquelle sa densité correspondrait à celle de l'air raréfié. Elle ne monterait pas plus haut.

Jusqu'ici tout va bien, mais il n'y avait aucune substance connue moins dense que l'air. Même les solides et liquides ordinaires les moins denses connus à l'époque étaient des centaines de fois plus denses que l'air.

Mais qu'en est-il de l'absence totale de substance, du néant?

Quand Toricelli construit son baromètre, il reste un espace au-dessus de la colonne de mercure qui ne contient rien sauf des traces de vapeur de mercure. C'est le premier vide créé par l'homme, et le vide est certainement moins dense que l'air.

D'autre part, en 1650, un physicien allemand, Otto von Guericke (1602-1686), invente une pompe à air qui, pour la première fois, peut produire (avec un travail considérable) un volume important de vide.

Vers 1670, donc, le physicien italien Francesco de Lana (1631-1687) est le premier a suggérer la construction d'un objet capable de flotter dans l'air. Il fait remarquer que si l'on faisait le vide dans une fine sphère de cuivre, le poids total du métal moyenné sur le volume de la sphère serait inférieur au poids d'un volume d'air égal. Une telle sphère vidée de son air s'élèverait. Si les sphères sont construites assez grandes et que plusieurs d'entre elles sont attachées à une sorte de nacelle légère, l'ensemble pourrait emporter un homme dans les airs.

En fait, le projet est irréalisable. Si une sphère de cuivre était assez fine pour s'élever après avoir été pompée, le cuivre serait bien trop fin pour soutenir la pression de l'air à laquelle il serait exposé. La sphère serait disloquée en cours de pompage. Si la sphère était assez épaisse pour soutenir la pression atmosphérique, elle serait trop épaisse pour que sa densité moyenne soit inférieure à celle de l'air dans n'importe quelle circonstances pratiques. Néanmoins, De Lana reste le premier à envisager un « ballon » (d'après un mot italien qui signifie « une grosse balle »).

L'idée de De Lana d'utiliser le vide pour la flottabilité n'était pas cependant la dernière ressource. Dans les années 1620 le chimiste flamand Jan Baptista van Helmont est le premier à reconnaître qu'il existe différents gaz (il est le premier à employer ce mot) et que l'air n'est pas unique. En particulier, il étudie pour la première fois le gaz que nous appelons aujourd'hui gaz carbonique (voir chapitre 9).

Il pouvait exister un gaz moins dense que l'air et qui, par conséquent, flotterait dans celui-ci; mais le gaz carbonique n'est pas le candidat idéal, car il se trouve qu'il est environ 1,5 fois plus dense que l'air. Ce n'est pas avant les années 1760 que l'on mesure les densités de gaz particuliers, de sorte qu'avant cette date personne ne peut raisonnablement spéculer sur les ballons à gaz.

En 1766, le chimiste anglais Henry Cavendish (1731-1810) produit un gaz par l'action des acides sur les métaux. Il trouve ce dernier assez inflammable et l'appelle donc « gaz de feu ». Il mesure sa densité et découvre qu'elle est seulement 0,07 fois celle de l'air. Cela établit un record de basse densité des substances normales dans les conditions de la surface terrestre, lequel est resté valable jusqu'à ce jour.

En 1784 Cavendish découvre que ce gaz, en brûlant, forme de l'eau; en conséquence, le chimiste français Antoine Laurent Lavoisier (1743-1794) l'appelle « hydrogène » (d'après les mots grecs signifiant « qui produit de l'eau »).

Supposons maintenant que nous avons un volume d'air qui pèse 1 kg. Le même volume de vide pèserait 0 kg, et si nous pouvons nous imaginer en train de suspendre des poids à ce volume de vide nous devrions lui accrocher un poids de 1 kg pour l'amener au même poids que le même volume d'air (et donc ramener la densité moyenne du système à celle de l'air). Cela empêcherait juste le volume vide de s'élever.

Si, à la place, nous prenons le même volume d'hydrogène,

nous aurions un poids de 0,07 kg, et il faudrait accrocher un poids de 0,93 kg pour ramener son poids à celui du même volume d'air et l'empêcher de s'élever. L'hydrogène, en d'autres termes, aurait une flottabilité surprenante égale à 93 % de celle du vide – et il est plus facile de remplir un récipient d'hydrogène que d'y faire le vide.

D'autre part, sous les conditions ordinaires, l'hydrogène a le même nombre de molécules par unité de volume que l'air. Quoique les molécules d'hydrogène soient plus légères que celles de l'air elles se déplacent plus vite, et en fin de compte la quantité de mouvement des molécules (et donc la pression) est la même dans les deux cas.

Alors que le vide, lorsqu'il veut être utilisé pour sa flottabilité, doit être réalisé dans une enceinte métallique suffisamment épaisse pour soutenir la pression atmosphérique, ce qui ajoute un surcroît de poids prohibitif pour l'effet souhaité, les conditions sont tout à fait différentes pour l'hydrogène. La pression de l'hydrogène à l'intérieur de l'enceinte équilibre exactement celle de l'air à l'extérieur, de telle sorte que la paroi peut être aussi légère que possible – tant qu'elle reste raisonnablement étanche aux gaz et interdit à l'hydrogène de diffuser vers l'extérieur ou à l'air de diffuser vers l'intérieur.

On pourrait croire qu'aussitôt après que Cavendish eut découvert la basse densité de l'hydrogène, lui ou un autre eût pensé à son pouvoir de flottabilité et décidé de construire un ballon. Pas du tout! Aussi évidente qu'elle apparaisse après coup, la déduction fit défaut, même chez un scientifique hors pair comme Cavendish.

Dans les faits, il s'est avéré que l'hydrogène n'a joué aucun rôle dans l'invention du ballon.

Cela nous ramène à notre première question sur l'ascension de la fumée. Pourquoi la fumée s'élève-t-elle alors qu'elle est constituée de particules individuelles plus denses que l'air et contient des gaz, comme le gaz carbonique, également plus denses que l'air?

La clef de la réponse vient en 1676, quand le physicien français Edme Mariotte (1620-1684) remarque que l'air se dilate quand il est chauffé. Si une quantité d'air donnée se dilate sa masse fixée se répartit dans un plus large volume, ce qui est une autre manière de dire que sa densité décroît. En d'autres termes, l'air chaud est moins dense que l'air froid et possède un pouvoir de flottabilité. Plus l'air est chaud, plus l'effet est prononcé. Cela est complètement éclairci en 1699 par les travaux sur les gaz d'un physicien français, Guillaume Amontons (1663-1705).

Un feu de bois ordinaire réchauffe l'air à environ une température de 700° C; la densité de l'air à une telle température est deux fois moins grande que celle de l'air ordinaire. Un tel air chaud a près de la moitié du pouvoir de flottabilité de l'hydrogène (ou du vide, quant à cela). La colonne d'air chaud s'élève vigoureusement et emporte avec elle les autres gaz et les matériaux légers qui constituent la fumée.

L'air chaud a certains avantages sur l'hydrogène qui compensent sa flottabilité moindre. Il est facile à obtenir : il suffit d'un feu. L'hydrogène, par contre, est relativement difficile à obtenir en grande quantité. En outre, l'air chaud n'est pas inflammable, tandis que l'hydrogène est en fait explosif. D'un autre côté, la flottabilité de l'hydrogène est permanente, alors que l'air chaud la perd rapidement lorsqu'il refroidit; de sorte qu'il ne faut pas simplement avoir un feu au départ mais l'entretenir aussi longtemps que vous voulez rester en l'air.

On pourrait croire que dès que fut reconnue la faible densité de l'air chaud, et donc sa flottabilité, quelqu'un eût conçu un ballon et essayé de le construire, mais c'est encore de la prévision rétroactive. Il a fallu un siècle pour que l'idée en vînt à quelqu'un.

Les frères Joseph Michel Montgolfier (1740-1810) et Jacques Étienne Montgolfier (1745-1799) sont deux des seize enfants d'un fabricant de papier aisé. Un de leurs ancêtres (selon la tradition familiale) a appris la technique de la fabrication du papier pendant qu'il était en prison à Damas au temps des Croisades et l'a rapporté en Occident.

Les deux frères ont observé des objets s'élever dans l'air chaud produit par des feux, l'aîné a eu connaissance des nouvelles découvertes sur les gaz et, on ne sait comment, ils ont l'idée du ballon à air chaud.

Ils essayent d'abord chez eux. En novembre 1782 ils brûlent du papier sous un sac de soie muni d'un ouverture au fond. L'air de l'intérieur du sac se réchauffe et ce dernier s'élève d'une hauteur de 20 mètres (soit la hauteur d'un immeuble de six étages). Ils continuent en essayant des sacs de plus en plus grands et décident enfin de faire une démonstration publique.

Le 5 juin 1783, sur la place du marché de la ville d'Annonay, les deux frères prennent un grand sac de toile de 10,5 mètres de diamètre et le remplissent d'air chaud. Ils ont invité toute la ville à voir l'expérience et la foule observe le ballon s'élever de 2 kilomètres dans les airs et y rester pendant dix minutes au cours desquelles il descend lentement à mesure que son contenu d'air chaud se refroidit. Il voyage sur 2,5 kilomètres durant sa descente. C'est une démonstration éclatante qui fait sensation.

Les nouvelles parviennent à Paris jusqu'aux oreilles du physicien Jacques Alexandre César Charles (1746-1823). Immédiatement il pense à l'hydrogène.

Le 27 août 1783, il prépare sa propre démonstration à Paris. Il utilise 225 kg d'acide et 450 kg de grains de fer pour produire de l'hydrogène. Le gaz se dégage furieusement et pénètre dans l'embouchure du sac maintenue au-dessus de lui, chassant la plupart de l'air. Lorsque le ballon est lâché, il s'élève d'un kilomètre dans les airs. L'hydrogène diffuse lentement à travers la paroi du sac, mais il voyage sur 25 kilomètres en perdant de la hauteur pendant une durée de 45 minutes avant de toucher le sol.

Quand il atterrit, les paysans du voisinage qui n'ont jamais entendu parler de ballons ne peuvent que supposer que ce véhicule volant à travers les airs (un OVNI, en quelque sorte) transporte des envahisseurs venus d'un autre monde. Ils l'attaquent donc avec courage et le détruisent à coups de fourche et de faux.

Ces ballons ne sont que de simples sacs. Il est clair, malgré cela, que l'on peut suspendre des poids aux ballons qui ralentiront leur ascension et limiteront l'altitude atteinte sans pour autant supprimer complètement leur pouvoir de flottabilité. Avec cette idée en tête, les Montgolfier organisent une démonstration des plus sensationnelles à l'intention de la Cour à Versailles.

Le 19 septembre 1783, ils font usage d'un ballon de dimension record avec 13 mètres de diamètre. Sous celui-ci est attaché un panier d'osier dans lequel sont placés un coq, un canard et un mouton. La nacelle contient aussi un brasero de métal rempli de combustible. Le combustible est mis à feu et le ballon se remplit d'air chaud. Il est lâché et s'élève devant une foule de 300 000 personnes (y compris le roi, la reine et Benjamin Franklin). Le ballon avec son chargement animal voyage sur 3 kilomètres avant de redescendre une fois son combustible consumé et son contenu d'air refroidi. La première personne sur place pour voir l'atterrissage du ballon est un jeune physicien, Jean Pilâtre de Rozier (1756-1785).

Les animaux sont indemnes et sont les premiers êtres vivants jamais transportés à travers les airs par un engin fait par l'homme.

Mais pourquoi pas un homme? Il est clair que c'est la prochaine étape. Le roi Louis XVI, fasciné par la démonstration, a peur des vols habités. Ils semblent trop dangereux, et il suggère que l'on demande des volontaires parmi les criminels condamnés en échange de leur grâce s'ils survivent.

Pilâtre de Rozier sollicite cependant l'honneur d'être le premier. Lui et un autre noble, François Laurent, marquis d'Arlandes, soutiennent leur cause devant la reine Marie Antoinette, la convainquent, et elle convainc à son tour le roi.

Le 20 novembre 1783, Pilâtre de Rozier et le marquis d'Arlandes montent dans un panier d'osier et s'élèvent dans un ballon à air chaud. Ils sont portés sur 8 kilomètres pendant 23 minutes, et atterrissent sains et saufs.

Ce sont les premiers aéronautes, 120 ans avant les frères Wright et 108 ans avant Lilienthal.

Pilâtre de Rozier participe à une autre grande première remarquable un an et demi plus tard.

Le 7 janvier 1785, la Manche est traversée pour la première fois en ballon. A bord se trouvent un français, Jean-Pierre François Blanchard (1750-1809), l'inventeur du parachute, et un Américain, John Jeffries (1744-1819).

Le 15 juin 1785, Pilâtre de Rozier et son compatriote Jules Romain essayent de répéter l'exploit dans l'autre direction. Toutefois, le feu utilisé pour chauffer l'air du ballon enflamme le tissu et les deux aéronautes chutent de 1 500 mètres pour trouver la mort.

Ainsi le premier aéronaute, authentique incarnation d'Icare, meurt dans la première catastrophe aéronautique.

Chronologie

16

LES DIFFÉRENTES ANNÉES DU TEMPS

Vous avez probablement déjà rencontré plusieurs fois ce genre de tableau didactique où l'histoire de la Terre est raccourcie en une année et où les grands événements marquants sont repérés par des jours. Ces tableaux permettent de saisir plus facilement l'écoulement du temps et les positions chronologiques relatives de ces grands événements.

On s'aperçoit naturellement que l'humanité est venue très tard, le dernier jour de l'année. Ce fait éclaire de manière spectaculaire notre insignifiance en tant que durée dans la chronologie de la planète.

Ce n'est pas particulier à l'histoire de la Terre, mais cela se manifeste dès que le temps et l'histoire sont envisagés. Nous voyons toujours les choses proches de nous avec plus de détails, tandis que plus nous regardons au loin plus les faits nous paraissent flous et indignes d'intérêt. L'époque contemporaine nous semble toujours très longue et détaillée tandis que les époques reculées, courtes et inintéressantes.

Par exemple, prenons un manuel scolaire d'histoire des États-Unis qui couvre la période allant du voyage de Christophe Colomb en 1492 au présent. Divisons le livre à la Déclaration d'Indépendance et comptons le nombre de pages consacrées aux périodes exploratoire et coloniale, puis à la période des États-Unis en tant que nation indépendante. Je n'ai pas un tel livre sous la main pour vérifier, mais je peux prédire que le livre sera divisé dans un rapport de 1 à 6.

Cela se comprend pour plusieurs raisons et je n'y trouve rien à redire, mais l'écolier moyen (ou l'adulte) feuilletant un tel manuel ne peut éviter d'être imprégné de la vague notion que la division chronologique est strictement la même : que les États-Unis en tant que nation indépendante ont duré bien plus longtemps que la période coloniale relativement brève qui précède.

Pour voir à quoi ressemble la situation réelle, employons l'astuce qui consiste à raccourcir une période de temps en une année arbitraire et comprimons la chronologie, sans la distordre, en jours de cette année.

Ainsi le premier établissement d'Anglais dans ce qui est maintenant le territoire des États-Unis commence à Jamestown en Virginie, le 14 mai 1607. Appelons ce moment la première minute du Nouvel An : 0 h 01, le 1er janvier. Appelons le moment présent la dernière minute de l'année écoulée : 23 h 59, le 31 décembre. Le laps de temps entre l'établissement de Jamestown et aujourd'hui (au moment où j'écris ces lignes) est de 377 ans. Cela veut dire que chaque jour de notre « Année des États-Unis » représente 1,03 an.

1. L'Année des États-Unis

Établissement de Jamestown	1er janvier
Débarquement à Plymouth Rock	13 janvier
Les Anglais prennent la Nouvelle-Amsterdam	25 février
Fondation de Philadelphie	2 mars
Fondation de la Géorgie (dernière des 13 colonies)	3 mai
Fin de l'Empire français d'Amérique du Nord	1er juin
Déclaration d'Indépendance	14 juin

Les Britanniques reconnaissent l'indépendance américaine	21 juin
Achat de la Louisiane	10 juillet
Compromis du Missouri	1er août
De l'or est découvert en Californie	22 août
Début de la Guerre Civile	4 septembre
Les États-Unis entrent dans la Première Guerre mondiale	26 octobre
Krach de Wall Street	9 novembre
Pearl Harbor	21 novembre
Jour J de la Victoire	25 novembre
Assassinat de Kennedy	12 décembre
Démission de Nixon	23 décembre
Les États-Unis débarquent dans l'île de la Grenade	31 décembre

Si vous étudiez ce tableau, vous pourrez être surpris par le fait que pendant plus de la moitié du temps que des anglo-saxons ont vécu dans ce qui est aujourd'hui territoire américain, les États-Unis n'existaient pas. Ce n'est pratiquement qu'au milieu de l'Année que les États-Unis ont été reconnus légalement indépendants par traité avec la Grande-Bretagne.

La chose que personnellement je trouve la plus surprenante, c'est que le moment où intervient le Jour J n'est pas situé en décembre. Tout de même, je me rappelle le Jour J comme si c'était hier. Comment un mois entier des États-Unis a-t-il bien pu passer depuis? Eh bien, il a passé, pourtant. Presque trente-neuf ans se sont écoulés entre le Jour J et le moment où j'écris, et c'est presque un cinquième de la durée de vie totale des États-Unis indépendants.

Je me sens presque vieux.

Nous pouvons faire ce genre d'exercice sur des échelles de plus en plus grandes. Supposons, par exemple, que nous partions du débarquement de Christophe Colomb à San Salvador le 12 octobre 1492.

Cela couvrirait entièrement la période de temps au cours de laquelle les puissances européennes ont pénétré, exploré et occupé l'Amérique du Nord. Si nous comprimons celle-ci en une « Année de l'Amérique du Nord », nous trouvons que la période couverte s'étend sur 492 ans, de sorte que chaque Jour de l'Amérique du Nord représente 1,348 an.

2. L'Année de l'Amérique du Nord

Colomb débarque à San Salvador	1er janvier
Ponce de Léon découvre la Floride	16 janvier
Cortez prend Mexico	20 janvier
De Soto aperçoit le Mississippi	6 février
Drake navigue le long des côtes de Californie	5 mars
Fondation de Jamestown	26 mars
Déclaration d'Indépendance	30 juillet
Début de la Guerre Civile	27 septembre
Pearl Harbor	29 novembre
Assassinat de Kennedy	15 décembre
Les États-Unis débarque sur l'île de la Grenade	31 décembre

Notez que pendant le tiers du temps pendant lequel les Européens cheminent péniblement le long des côtes et vers l'intérieur du continent nord-américain, ces Européens sont presque tous des Espagnols. Ce n'est pas avant le 25 mars que les Anglais viennent s'installer en Amérique du Nord.

Et pendant les 5/9 du temps de présence des Européens en Amérique du Nord, les États-Unis n'existent pas.

Naturellement l'histoire a commencé avant les États-Unis et même avant l'Amérique du Nord européenne. Et même bien avant. Cette histoire est habituellement divisée en Antiquité, époque médiévale (ou Moyen Âge) et Temps modernes. Je suspecte la plupart des gens de penser que ces trois périodes sont approximativement d'égale durée. Au pire, ils pourraient imaginer que les Temps modernes sont la plus longue des trois, parce qu'elle occupe le plus de volume dans les manuels d'histoire.

Voyons voir, donc... L'histoire commence avec l'écriture. L'écriture rend possible l'enregistrement des chroniques, des noms, des dates et des lieux. Sans l'écriture nous devons déduire les faits à partir d'artefacts et nous sommes incapables de déterminer le genre de détails qui font de l'histoire ce qu'elle est.

Pour autant que nous sachions à présent, l'écriture a été inventée par les Sumériens, probablement dès 3200 av. J.-C. Commençons donc l'« Année de l'Histoire » avec 3200 av. J.-C. pour le premier janvier. Cela nous donne une durée de 5 184 ans jusqu'au présent, de sorte qu'une chaque Jour de l'Histoire représente 14,2 ans.

3. L'Année de l'Histoire

Invention de l'écriture	1er janvier
Première pyramide construite en Égypte	1er février
Sargon établit le premier empire en Asie	2 mars
Code de loi d'Hammourabi	16 avril
Apogée de l'Empire égyptien	7 mai
Guerre de Troie	21 mai
David roi d'Israël	4 juin
Homère compose l'*Illiade*	18 juin
Fondation de Rome	21 juin
Apogée de l'Empire assyrien	26 juin
Nabuchodonosor détruit le Temple de Salomon	4 juillet
Cyrus fonde l'Empire perse	7 juillet
Bataille de Marathon	10 juillet
Age d'Or d'Athènes	13 juillet
Alexandre le Grand conquiert la Perse	21 juillet

Rome vainc Carthage et domine la Méditerranée	31 juillet
Assassinat de Jules César	11 juillet
Crucifixion de Jésus	16 août
Extension maximale de l'Empire romain	22 août
Constantin fonde Constantinople	6 septembre
Fin de l'Empire romain d'Occident et de l'Antiquité	16 septembre
Charlemagne couronné empereur	9 octobre
Guillaume de Normandie conquiert l'Angleterre	28 octobre
Début des Croisades	30 octobre
Magna Carta	7 novembre
La peste noire frappe l'Europe	17 novembre
Chute de Constantinople	24 novembre
Découverte de l'Amérique; fin du Moyen Âge	27 novembre
Début de la Réforme protestante	29 novembre
« Glorieuse Révolution » anglaise de 1688	9 décembre
Déclaration d'Indépendance des États-Unis	17 décembre
Prise de la Bastille	18 décembre
Premiers pas de l'homme sur la lune	31 décembre

Remarquez que lorsque la moitié de l'Année de l'Histoire s'est écoulée les grandes heures de la Grèce ne sont pas encore venues. Nous-mêmes et les Grecs antiques sommes également des produits de la seconde moitié de l'histoire.

La première moitié de l'Année de l'Histoire est globalement dominée par les royaumes asiatiques. La Grèce occupe le mois de juillet, Rome le mois d'août. L'Année de l'Histoire est achevée à 70 % avant la fin de l'Antiquité.

En d'autres termes, l'Antiquité dure plus de deux fois plus longtemps que le Moyen Âge et les Temps modernes réunis.

Alors que l'Antiquité dure 8,5 mois de l'histoire, le Moyen

Âge n'en dure que 2, et les Temps modernes juste un peu plus d'un.

Dans l'Année de l'Histoire, je mentionne la Révolution anglaise de 1688, la Révolution américaine de 1776 et la Révolution française de 1789. Chacune a pour sa part contribué à établir les règles du libéralisme moderne et les droits de l'homme. Mais remarquez que c'est seulement dans la deuxième moitié de décembre qu'ils ont été établis. Et encore, seulement dans une petite partie du monde, et non sans une certaine précarité.

On ne peut que s'en affliger.

Assurément la civilisation a précédé l'écriture. Le mot « civilisation » vient du mot latin signifiant « citoyen », c'est-à-dire « habitant de la cité ». Nous pouvons donc dater la civilisation du début de l'établissement des premières petites villes (comme, par exemple, Jéricho en Palestine).

Le commencement de la civilisation peut être situé (un peu arbitrairement) vers 8000 av. J.-C., soit 10000 av. A. (« avant aujourd'hui »). Autour de cette date, des groupes d'hommes d'Asie occidentale apprennent à domestiquer les plantes et les animaux. Ils passent de la cueillette à l'agriculture et à l'élevage. Cela rend possible de plus grandes concentrations humaines en une zone donnée et conduit inévitablement à la fondation de villes.

Si nous commençons l'« Année de la Civilisation » en 8000 av. J.-C., cela nous donne une durée de 9 984 ans et un Jour de la Civilisation de 27,35 ans.

4. L'Année de la Civilisation

Fondation des premières villes	1er janvier
Poteries les plus anciennes que nous connaissons	6 février
L'agriculture atteint l'Europe sud-orientale	14 mars
Agriculture dans la vallée du Nil	20 avril

Début de l'usage des métaux	8	mai
Date traditionnelle de la Création biblique	26	mai
Invention de l'écriture	25	juin
Début de l'Âge de bronze	2	juillet
Construction de la Grande Pyramide	20	juillet
Début de l'Âge de fer	12	septembre
Salomon contruit le temple de Jérusalem	25	septembre
Crucifixion de Jésus	21	octobre
Fin de l'Antiquité	6	novembre
Fin du Moyen Âge	13	décembre
Déclaration d'Indépendance des États-Unis	23	décembre
Assassinat de Kennedy	31	décembre, 6 h

La date traditionnelle de la Création biblique à laquelle je me réfère dans l'Année de la Civilisation est 4004 av. J.-C., déterminée par l'archevêque Ussher et encore citée dans la plupart des éditions de la Bible du Roi Jacques. A cette date, cependant, il s'est déjà écoulé deux cinquièmes de la durée totale de la civilisation.

Plus de la moitié de la durée de la civilisation s'est écoulée avant que la Grande Pyramide soit construire. Nous considérons comme gigantesque le laps de temps écoulé entre les pyramides et notre époque, mais auparavant il s'est déroulé une période encore plus longue de civilisation sans pyramide. Non seulement sans pyramide, mais totalement plongée dans l'analphabétisme.

Cette première moitié de civilisation sans écriture ni pyramide est assurément grossière et rudimentaire selon nos critères actuels, et elle n'a existé qu'en quelques petites zones éparses du monde, mais elle ne doit en aucun cas susciter nos sarcasmes. Nous sommes ce que nous sommes aujourd'hui parce que nous avons construit sur les fondations posées par ces analphabètes. Un jugement impartial de leurs réalisations pourrait nous mener à la conclusion qu'ils avaient la tâche plus difficile que nous, et qu'ils ont accompli bien plus compte tenu ce dont ils disposaient.

En vérité, même avant les villes et l'agriculture les hommes réalisent de grands progrès; ils montrent notamment leurs grandes qualités d'artistes, leur ingéniosité de chasseurs et de fabricants d'outils. L'*Homo sapiens sapiens* – l'homme moderne – a montré tout au long de son existence une grande ingéniosité et une grande capacité d'adaptation, et il est absolument arbitraire de définir la civilisation par rapport à un progrès particulier comme la construction des villes. L'histoire de l'« homme moderne » est celle d'une progression régulière.

Et quant à l'« Année de l'Homme », alors? Supposons que nous partions de 35000 av. J.-C. (37000 av. A.), quand l'« homme moderne » est le seul hominidé à vivre sur Terre – sur les seuls continents d'Afrique et d'Eurasie. Cela nous donne une durée totale de 36 984 ans, de sorte que le Jour de l'Homme représente 101,3 jours.

5. L'Année de l'Homme

L'*Homo sapiens sapiens* commence à dominer la Terre	1er janvier
Débuts de l'art figuratif	9 avril
Migrations des hommes vers l'Australie et l'Amérique	28 mai
Apogée des peintures rupestres	10 août
L'homme achève de s'établir en Amérique	14 septembre
Débuts de la civilisation	24 septembre
Construction de la Grande Pyramide	17 novembre
Fin de l'Antiquité	16 décembre
Fin du Moyen Âge	26 décembre
Déclaration d'Indépendance des États-Unis	29 décembre
Pearl Harbor	31 décembre, 10 h

Plus de la moitié de l'Année de l'Homme s'est écoulée avant que les grandes peintures rupestres n'apparaissent, et près des trois quarts avant les débuts de la civilisation. Seul le dernier quart de l'histoire de l'« homme moderne » connaît les civilisations en tout lieu.

Les États-Unis n'existent que depuis deux Jours de l'Homme.

Naturellement, il y a des hominidés avant l'homme moderne. Quant à cela, il y a des *Homo sapiens* avant l'homme moderne. L'homme de Neanderthal *(Homo sapiens neanderthalensis)* est de la même espèce que la nôtre, et pouvait se croiser avec nos ancêtres (ce qu'il a probablement fait). Ses gènes résident encore en nous.

Et avant l'homme de Neanderthal, il y a d'autres espèces du genre *Homo,* plus petites, au cerveau moins massif; avant cela il y a des espèces avec des cerveaux encore plus petits qui n'appartiennent pas au genre *Homo* mais sont encore des hominidés : ils marchent debout, ont des mains comme les nôtres et possèdent en général des détails anatomiques plus proches de nous que des grands singes.

Les premiers hominidés dont nous pouvons être sûrs sont les australopithèques, qui vivent en Afrique méridionale et orientale; pas plus grands que des enfants de notre propre espèce, ils marchent néanmoins debout comme nous et ont les mains libres pour explorer et manipuler le monde.

On estime qu'ils ont fait leur apparition il y a 4 000 000 d'années. Bien que l'on parle d'hominidés encore plus précoces, je commencerai l'« Année des Hominidés » à 4 000 000 av. A. Cela signifie que chaque Jour des Hominidés représente 10 960 ans.

6. *L'Année des Hominidés*

Apparition des australopithèques	1er janvier
Apparition du genre *Homo (Homo habilis)*	2 juillet

Apparition de l'*Homo erectus* (Homme de Pékin)	15 août
Utilisation du feu	15 novembre
Apparition de l'*Homo sapiens* (Homme de Neanderthal)	18 décembre
Apparition de l'« homme moderne »	26 décembre
L'« homme moderne » est le seul hominidé sur Terre	28 décembre
Débuts de la civilisation	31 décembre, 2 h
Débuts de l'histoire	31 décembre, midi

Pendant la première moitié de l'Année des Hominidés les australopithèques sont les seuls hominidés qui existent. C'est seulement quand 95 % de l'Année s'est écoulée que l'*Homo sapiens* fait son apparition. L'« homme moderne » est une créature de la dernière semaine seulement et toute la civilisation tient dans le dernier jour.

Soit dit en passant, pendant les sept huitièmes du temps que les hominidés existent sur Terre, ils se passent du feu. Le développement de son utilisation est la plus grande réalisation des jours pré-*sapiens*. C'est celui de l'*Homo erectus*, car des restes de feux de camps ont été trouvés dans les cavernes où vivait l'homme de Pékin.

Les hominidés ne sont pas les seuls organismes qui ont laissé des traces fossiles à partir desquelles il est possible de retracer l'histoire paléontologique. Avant les hominidés, il y a eu des primates plus primitifs, précédés par d'autres mammifères, eux-mêmes précédés par des non-mammifères et des invertébrés. Les riches gisements fossiles remontent aussi loin que 600 000 000 d'années en arrière.

Retraçons donc l'« Année des Fossiles » en la commençant en 600 000 000 av. J.-C. Chaque jour des fossiles représente donc 1 644 000 ans.

7. *L'Année des Fossiles*

Apparition des fossiles, tous invertébrés	1er janvier
Apparition des premiers vertébrés	1er mars
Premières plantes terrestres	12 avril
Premiers poissons capables de respirer de l'air	30 avril
Premières forêts	4 mai
Premiers vertébrés terrestres (Amphibiens)	12 mai
Premiers reptiles	1er juillet
Premiers dinosaures	30 août
Premiers mammifères	5 septembre
Premiers oiseaux	29 septembre
Premières plantes à fleur	30 octobre
Extinction des dinosaures	21 novembre
Les grands mammifères dominent la Terre	28 novembre
Premiers hominidés	27 novembre
Utilisation du feu	31 décembre, 16 h
Homme de Neanderthal	31 décembre, 22 h
Homme moderne	31 décembre, 23 h 15
Débuts de la civilisation	31 décembre, 23 h 50

Comme vous le voyez, la vie terrestre n'existe pas pendant le premier quart de l'Année des Fossiles et il n'y a pas de vertébrés terrestres avant que 3/8e de l'Année se soit écoulé.

Les reptiles apparaissent seulement après le milieu de l'Année et les dinosaures dominent pendant l'automne. Les hominidés sont des créatures des quatre derniers Jours des Fossiles; l'homme moderne, des dernières quarante-cinq minutes, tandis que toute l'histoire tient dans les dix dernières minutes.

Mais la vie a précédé les fossiles. La raison pour laquelle les fossiles apparaissent si soudainement il y a 600 millions d'années est l'existence d'une floraison évolutionnaire antécédente qui produit les coquilles et autres parties dures d'organismes de complexité croissante : ce sont ces parties qui ont fossilisé facilement.

Avant ces animaux complexes, il y a eu d'autre organismes au corps mou qui ne fossilisaient pas très bien; et avant ceux-ci, des organismes microscopiques qui ne pouvaient laisser que les traces les plus infimes.

Ces traces ont néanmoins été trouvées, et les paléontologistes ont suivi la vie très loin en arrière, presque jusqu'au commencement de l'existence de la Terre. Nous établirons donc l'« Année de la Terre » en la faisant débuter il y a 4 600 000 000 d'années, à l'époque où la Terre prend plus ou moins sa forme actuelle (de même que le Soleil et le système solaire en général). Chaque Jour de la Terre représente donc 12 600 000 ans.

8. L'Année de la Terre

La Terre prend sa forme actuelle	1er janvier
Les bactéries primitives se développent	1er avril
Début de la photosynthèse chez les algues bleues	21 mai
Développement des organismes pluricellulaires procaryotes (à cellules sans noyaux)	24 juillet
Développement des cellules eucaryotes (avec noyaux)	11 octobre
Développement des vrais animaux	27 octobre
Début des riches gisements fossiles	12 novembre
La vie terrestre (plantes) apparaît	26 novembre
Premiers dinosaures	14 décembre
Extinction des dinosaures	26 décembre
Premiers hominidés	31 décembre, 16 h 30

Vous voyez donc que si nous prenons la Terre comme un tout, il s'est écoulé peut-être près d'un quart de son existence en tant que globe dépourvu de vie. Pendant neuf dixièmes de son existence, la *terre* est restée inhabitée par la vie. C'est un témoignage de la difficulté de la propagation de la vie en milieu sec que la vie terrestre ne soit qu'un produit du dernier mois seulement de l'Année de la Terre.

Les dinosaures sont des créatures de la mi-décembre seulement, et la durée entière de l'existence des hominidés un phénomène des dernières 7,5 heures de l'Année. L'homme moderne n'est sur Terre que depuis les dernières 5 min 45 s et l'histoire tient dans les 35 dernières secondes.

Mais nous n'avons pas encore terminé. Je continuerai au prochain chapitre avec des périodes de temps encore plus vastes.

17

LES DIFFÉRENTES ANNÉES DE L'UNIVERS

Il faut absolument que je vous parle de la seule fois dans le cours d'une chaude amitié de quarante-cinq ans où j'ai réussi à clouer le bec à Lester del Rey, mon collègue écrivain.

Ce n'est pas facile. Il n'encaisse jamais un coup oratoire sans y répondre immédiatement; il n'est jamais à court d'une réplique et n'hésite jamais à la lancer – sauf dans mon cas, cette fois-là.

Lui, moi et deux autres amis étions dans un taxi et j'étais parti je ne sais plus pourquoi à discuter de mon patriarche de père et de ces admonestations morales sans fin à mon égard. Il croyait fermement que la répétition interminable de l'enseignement des vieux sages juifs sur mon enfance impressionnable était la seule façon d'éviter que je me perdisse dans les fourrés du vice et de l'immoralité.

« Souviens-toi, Isaac », disait-il sur le ton de psalmodie avec lequel les leçons de morale juives sont inculquées, « que si tu traînes avec des *fainéants* (le mot était toujours fortement accentué de manière à indiquer le plus grand mépris et la révulsion morale), tu pourrais croire que tu les changeras en individus décents, mais ça ne se passera *pas* ainsi. Non! Jamais! Si tu traînes avec des *fainéants*, ils *te* changeront en *fainéant*. »

Sur ce Lester m'interrompit instantanément pour dire :

« Alors pourquoi traînes-tu encore avec des fainéants, Isaac? »

Et je répondis sans hésiter : « Parce que je t'aime, Lester, voilà pourquoi. »

Ce fut la première et la seule fois dans ma longue expérience que je vis Lester rire si fort qu'il se trouva incapable de répliquer. De plus, j'avais les deux autres types dans la voiture (également pris de fou rire, bien sûr) comme témoins.

Je pensais à cela l'autre jour quand j'ai été interviewé par quelqu'un qui m'a demandé : « De toutes les différentes formes d'écriture que vous pratiquez, Dr Asimov, quelle est celle que vous préférez? »

On me l'avait déjà demandé très souvent auparavant (les interviewers m'ont déjà *tout* demandé très souvent auparavant) et je n'eus pas besoin de réfléchir. Je dis : « Celle que je préfère sont les essais mensuels pour la revue *Fantasy & Science Fiction*. Je les fais depuis plus d'un quart de siècle sans avoir manqué une seule fois. »

Mon interlocuteur parut douter. « Est-ce parce qu'ils payent bien?

– Non, dis-je, en fait le prix du mot pour ces essais est plus bas que pour tout ce que j'écris d'autre, mais je les ferais pour rien s'il le fallait.

– Mais pourquoi? »

Et la réponse vint sans hésitation. « Parce que je les aime, Monsieur, voilà pourquoi. »

Et c'est vrai. Il y a peut-être un Cher Lecteur quelque part qui croit secrètement qu'il n'y a personne d'autre dans le monde qui aime plus ces essais que lui (ou elle). Si oui, ce Cher Lecteur se trompe. *Je* les aime encore plus.

Avec ça, nous pouvons continuer où nous nous sommes arrêtés au dernier chapitre.

Dans le chapitre précédent, j'ai pris en considération différents laps de temps significatifs – l'histoire américaine, l'histoire de la civilisation, l'histoire des hominidés, etc. –

comprimés en une année au long de laquelle les événements marquants de la période considérée sont repérés par des jours (en respectant les proportions relatives de durée). Cela donne une notion plus dramatique de ce qui s'est déroulé, je pense, que la manière traditionnelle de présenter avec les dates.

La dernière compression que j'ai entreprise est celle de l'histoire de 4,6 milliards d'années de notre planète, la Terre, ramenée en une « Année de la Terre ». Elle montre, par exemple, que si l'on suppose que la Terre prend sa forme actuelle à l'aube du premier janvier, les fossiles des roches cambriennes n'apparaissent pas avant le 12 novembre; les dinosaures s'éteignent le 26 décembre; les premiers hominidés apparaissent à 16 h 30 le 31 décembre, tandis que notre histoire ne couvre que les 35 dernières secondes de l'Année de la Terre.

Est-il possible de couvrir un laps de temps encore plus important?

A l'évidence, l'univers dans son ensemble a un commencement avec le Big Bang. Le moment où a eu lieu le Big Bang ne peut pas être déterminé aussi facilement et aussi précisément que le moment où la Terre et le reste du système solaire a pris sa forme présente; la question reste controversée chez les astronomes. Cependant, 15 milliards d'années est un chiffre plausible et c'est celui-ci, en attendant une bonne preuve du contraire, que j'utilise généralement dans mes écrits.

Nous pouvons donc fixer 15 000 000 000 av. A. (avant aujourd'hui) comme le commencement de l'univers et l'appeler la Minute du Nouvel An – le point milieu de la nuit qui inaugure le premier janvier. Le moment présent est le sixième coup de minuit du 31 décembre qui suit. Pour couvrir la durée d'existence de l'univers par une seule « Année de l'Univers », chaque jour de cette année imaginaire (chaque « Jour de l'Univers ») doit représenter 41 000 000 d'années.

Il se trouve qu'un grand nombre d'événements d'importance vitale qui ont modelé la forme de l'univers ont eu lieu dans les premières quelques secondes après le Big Bang – et même dans les premières microsecondes. Par conséquence, on rate inévitablement beaucoup si l'on essaye de tout décrire dans une année mesurée sur une échelle arithmétique ordinaire. Ce qu'il faudrait vraiment est une échelle logarithmique, et j'ai fait ce genre de chose dans « L'asymétrie cruciale » *.

Néanmoins je m'en tiendrai à une échelle arithmétique ordinaire comme je l'ai fait pour les nombreuses « Années » du chapitre précédent, et je montrerai ce que je peux de cette façon (je poursuis la numérotation des tableaux là où je l'ai laissée au chapitre précédent).

9. L'Année de l'Univers

Big Bang	1er janvier, 0 h 00 min 00 s
Formation des particules subatomiques	1er janvier, 0 h 00 min 13 s
Formation de l'hydrogène et de l'hélium	1er janvier, 0 h 12 min
Les atomes forment des nuages de taille galactique	3 janvier, 10 h
Formation de la Voie lactée	18 février
Formation du système solaire	9 septembre
Début de la vie sur Terre	6 octobre
Première vie terrestre sur Terre	20 décembre
Apparition des hominidés	31 décembre, 9 h 40 min
Débuts de l'histoire	31 décembre, 11 h 59 min 50 s

* *Myriades* (Londreys, 1984).

Comme vous le voyez, l'univers a parcouru le premier huitième de son histoire sans notre galaxie, et peut-être sans aucune autre. (Cela dépend, soit dit en passant, de savoir lesquelles parmi les versions courantes du Big Bang sont justes. Certaines versions récentes postulent une « inflation de l'univers », soudaine expansion incroyablement rapide qui aurait eu lieu après le Big Bang, qui pourrait signifier que les galaxies auraient existé presque depuis le début. Malheureusement, je n'en suis pas sûr. Je n'ai pas encore réussi à saisir l'univers en inflation.)

En tout cas, il ne fait aucun doute que l'univers a longtemps existé, probablement pendant les sept dixièmes du temps, sans le système solaire.

S'il est vrai, comme certains le soutiennent (mais je n'arrive pas y croire), que la vie sur Terre est unique dans l'univers, alors l'univers a passé les trois quarts de son temps dans la stérilité totale, dépourvu même de la forme le plus simple de vie. (Comment peut-on croire cela?)

Ce qui me surprend le plus, en revanche, est que ces vastes étendues de temps ne réduisent pas l'histoire humaine, aussi insignifiante soit-elle, à un laps de temps non mesurable. Pas du tout! La période pendant laquelle les hommes ont écrit des chroniques en tout genre occupe en effet dix secondes de l'Univers (les dix dernières, naturellement).

Il pourrait sembler qu'en considérant la vie de l'univers j'ai épuisé tous les tableaux utiles possibles. Que puis-je invoquer de plus grand et de plus long que la vie de l'univers dans son ensemble?

Mais la longueur n'est pas tout. Nous pouvons trouver de l'utilité dans d'autres directions, par exemple...

Le Soleil, avec sa famille de planètes, se déplace avec régularité autour du centre de notre galaxie sur une orbite quasi circulaire et accomplit une révolution en près de 200 000 000 d'années.

Supposons la validité de l'hypothèse de la stabilité de

l'orbite du Soleil : que cette orbite n'a pas été sérieusement affectée par les perturbations stellaires au cours de son existence. Nous n'avons aucune preuve réelle pour soutenir cette affirmation, mais nous n'avons pas non plus de raison de supposer que l'orbite ait subi des variations importantes à aucun moment. Or s'il n'y a aucune preuve dans l'un ou l'autre cas, il est censé prendre l'hypothèse raisonnable la plus simple, et nous choisirons la stabilité.

Dans ce cas, cela signifierait que dans l'histoire de 4,6 milliards d'années du système solaire le Soleil et les planètes ont eu le temps de tourner 23 fois autour du centre galactique.

Maintenant, imaginez un observateur situé en un point fixe par rapport au centre galactique, un point duquel il a vu le Soleil s'allumer et commencer à briller lorsqu'il est passé devant lui. Que verrait-il s'il restait là à étudier la Terre à chaque fois qu'elle revient, tous les 200 000 000 d'années?

Si nous comprimons la vie du système solaire en une seule « Année du Système solaire », alors chaque orbite de ce système autour du centre galactique prendrait 15,87 jours du Système solaire et chacun de ces Jours représenterait 548 000 ans. Nous pourrions dresser un tableau où la formation de la Terre serait représentée par le numéro 0, et chaque retour le long de son trajet orbital numéroté de 1 à 23. Le résultat serait le suivant :

10. L'Année du Système solaire

0-1er janvier	La Terre prend sa forme actuelle
1-16 janvier	Évolution chimique
2-1er février	Évolution chimique
3-17 février	Évolution chimique
4-3 mars	Évolution chimique
5-19 mars	Évolution chimique
6-4 avril	Apparition des bactéries (procaryotes)
7-20 avril	Bactéries

8-5 mai	Bactéries
9-21 mai	Apparition des algues bleues (procaryotes)
10-6 juin	Bactéries et algues bleues
11-22 juin	Bactéries et algues bleues
12-8 juillet	Bactéries et algues bleues
13-24 juillet	Apparition des procaryotes pluricellulaires
14-9 août	Procaryotes pluricellulaires
15-25 août	Procaryotes pluricellulaires
16-9 septembre	Procaryotes pluricellulaires
17-25 septembre	Procaryotes pluricellulaires
18-11 octobre	Développement des cellules eucaryotes
19-27 octobre	Eucaryotes pluricellulaires (plantes et animaux)
20-12 novembre	Crustacés. Début des riches gisements fossiles
21-28 novembre	Apparition de la vie terrestre
12-14 décembre	Apparition des dinosaures
23-31 décembre	L'*Homo sapiens* domine la Terre

Laissez-moi expliquer brièvement quelques points. Par « évolution chimique » j'entends l'élaboration progressive des molécules complexes à partir des plus simples aux dépens de différentes sources d'énergie comme le rayonnement solaire ultraviolet, les éclairs et la chaleur interne de la Terre.

Les procaryotes sont des cellules simples considérablement plus petites que celles de nos propres corps, dépourvus de complexité interne. Elles n'ont pas de noyaux, par exemple, et leur matériel génétique est en général distribué à travers la cellule. Les procaryotes qui s'épanouissent encore aujourd'hui sont les bactéries et les algues bleues. Les deux se ressemblent beaucoup, sauf que les algues bleues (qui ne sont pas vraiment des algues, ceci dit) sont capables de photosynthèse au contraire des bactéries.

Les eucaryotes sont des cellules bien plus grandes, pourvues d'une importante organisation interne, y compris (en particulier) d'un noyau. « Eucaryote » vient de mots grecs qui signifient « bon noyau », tandis que « procaryote » signifie « avant le noyau ». Les protozoaires et les protophytes sont des eucaryotes monocellulaires, respectivement animaux et végétaux. Tous les organismes pluricellulaires (y compris nous-mêmes, bien sûr) sur Terre aujourd'hui sont faits de cellules eucaryotiques.

Les procaryotes pluricellulaires ne sont guère plus que des colonies bactériennes, et étaient un cul-de-sac évolutionnaire. Si les bactéries et les algues bleues ont habilement survécu aujourd'hui, en dépit de la compétition, c'est parce qu'elles occupent toutes sortes de niches inaccessibles ou non convoitées par d'autres, et généralement grâce à leur incroyable fécondité.

En regardant la Terre à intervalles fixes on peut se faire une bonne idée du taux d'accélération de l'évolution. Pendant les cinq premiers tours autour du centre galactique, la Terre est sans vie. Pendant les douze tours qui suivent, elle ne porte rien de plus évolué que les cellules procaryotiques.

Ce n'est pas avant l'achèvement du dix-huitième tour, quand la Terre a atteint les trois quarts de son âge actuel, que les cellules eucaryotiques se développent.

Mais les choses s'accélèrent. Au tour qui suit, nous avons les réserves d'un bon gisement fossile pour nous aider, grâce à l'apparition d'organismes pluricellulaires complexes dotés de parties qui fossilisent facilement. Un autre tour, et la terre ferme est colonisée. Encore un autre, et les dinosaures apparaissent.

Puis vient le grand spectacle de l'ascension et de la chute des dinosaures, de la montée des mammifères, de l'arrivée des hominidés et de l'homme moderne, le tout présenté dans le tour le plus récent du système solaire autour du centre galactique.

Nous ne pouvons que nous demander ce qu'il y aura à voir au prochain tour, dans 200 000 000 d'années.

Jusqu'ici nous avons considéré l'évolution de la Terre du point de vue de l'univers, par rapport au Big Bang et aux révolutions galactiques. Justifions le titre de ce chapitre en abandonnant complètement la Terre, maintenant, et en considérant l'évolution des étoiles – le Soleil en particulier – au lieu de celle de la vie sur Terre.

Il y a près de cinq milliards d'années le Soleil était un énorme nuage de poussière et de gaz, un nuage peut-être là depuis la formation de la galaxie encore des milliards d'années auparavant. Une impulsion – peut-être l'explosion d'une supernova – a déclenché la contraction du nuage de gaz du système solaire. Son intensité gravitationnelle s'est accrue en conséquence et la contraction a été renforcée à nouveau. Enfin, après dix ou vingt millions d'années, le centre du nuage a atteint une densité et une température suffisantes pour allumer la fusion de l'hydrogène. Le centre de la condensation « prit feu » et devint une étoile, tandis que des corps plus petits et plus froids (les planètes) se formaient dans les régions externes.

Après cela, le Soleil a maintenu son dégagement d'énergie en fusionnant l'hydrogène à un rythme régulier, gaz qui constitue de loin la plupart de sa masse, en hélium plus complexe. L'hélium, plus dense que l'hydrogène, s'accumule au centre, et ce noyau d'hélium devient de plus en plus gros à mesure que plus d'hélium est formé et vient s'y amasser.

Alors que le noyau d'hélium devient de plus en plus massif, sa propre intensité gravitationnelle le fait se condenser vers des densités et des températures de plus en plus grandes. Quand le Soleil aura utilisé près de 10 % de son hydrogène originel – ce qui n'arrivera pas avant plusieurs milliards d'années – le noyau d'hélium sera devenu assez dense et assez chaud pour que la fusion de l'hélium en carbone ait lieu.

Entre le temps où commence la fusion de l'hydrogène et celui où commence celle de l'hélium, le dégagement de rayonnement du Soleil est relativement constant, comme pour n'importe quelle étoile. Pendant cette période de temps, le

Soleil, ou toute étoile, est dit rester sur la « séquence principale ».

Dans le cas du Soleil, on estime qu'il restera sur la séquence principale un total de 10 milliards d'années.

Lorsque commence la fusion de l'hélium, le noyau se réchauffe terriblement et se dilate. Il réchauffe également l'enveloppe externe d'hydrogène qui se dilate aussi. Le Soleil devient de plus en plus gros et sa surface externe en expansion se refroidit pour tourner simplement au rouge, bien que la surface *globalement* gagne de la chaleur malgré le refroidissement de ses parties.

Le Soleil atteindrait son volume maximal en tant que « géante rouge » peut-être 1,5 milliard d'années après le début de la fusion de l'hélium, de sorte que sa durée de vie totale de l'ignition à la géante rouge serait de 11,5 milliards d'années. (Naturellement le Soleil continue d'exister et d'évoluer après être devenu une géante rouge, mais nous n'irons pas plus loin dans ce chapitre.)

Les autres étoiles passent par les mêmes changements, mais pas nécessairement au même rythme. Les étoiles plus massives que le Soleil font tout plus vite. Parce que plus massives, elles ont un champ gravitationnel plus intense et se contractent plus vite, deviennent plus vite plus denses et plus chaudes, et atteignent le point d'ignition plus tôt. Après l'ignition, elles fusionnent leur hydrogène plus vite et atteignent plus tôt le stade de géante rouge également; quant à cela, elles deviennent de plus grandes géantes rouges. Il est sûr que plus l'étoile est massive plus elle contient d'hydrogène pour la fusion, mais le taux de fusion varie beaucoup plus vite que la masse de l'étoile; par conséquent, plus l'étoile est grande, moins elle reste longtemps sur la séquence principale.

Une étoile de trois fois la masse du Soleil, par exemple, achèvera sa contraction en peut-être 3 millions d'années, plutôt que les 20 millions que semble avoir pris le Soleil. Elle restera sur la séquence principale un quart de milliard d'années seulement et deviendra une géante rouge optimale quelques millions d'années après cela.

Supposons, donc, que nous établissions une « Année du Soleil » dans laquelle la durée de vie totale de l'astre, de l'ignition au stade de géante rouge optimale est comprimée en une année. Puisque l'Année du Soleil dure 11,5 milliards d'années réelles, chaque Jour du Soleil dure 31 500 000 ans. Nous pouvons indiquer la durée de vie des étoiles plus massives de cette façon.

11. L'Année du Soleil

Ignition du Soleil	1er janvier, 0 h 00
Les étoiles les plus massives deviennent des géantes rouges	1er janvier, 0 h 45
Une étoile comme Beta Centauri devient une géante rouge	1er janvier, 5 h 30
Une étoile comme Achernar devient une géante rouge	3 janvier, 4 h 00
Une étoile comme Sirius devient une géante rouge	16 janvier
Une étoile comme Altair devient une géante rouge	1er février
Une étoile comme Canopus devient une géante rouge	3 mars
Une étoile comme Procyon devient une géante rouge	5 mai
Le soleil dans son présent stade	**25 mai**
Début de la fusion de l'hélium dans le Soleil	12 novembre
Le Soleil devient une géante rouge optimale	31 décembre

Comme vous le voyez, le Soleil est encore dans son âge mûr, plein de vigueur, avec pas tout à fait la moitié de sa vie utile écoulée. Il n'est pas besoin non plus de se préoccuper du fait inexorable qu'après le début de la fusion de l'hélium le Soleil deviendra progressivement plus chaud jusqu'à rendre la vie impossible sur Terre. En vérité, quand le Soleil atteindra le stade de géante rouge optimale il s'approchera suffisamment de notre planète pour la cuire complètement. Elle pourrait même disparaître complètement engouffrée dans celui-ci.

Il reste cependant au moins cinq ou six milliards d'années avant que la chaleur ne devienne vraiment préoccupante, et il faudrait être d'un optimisme incurable pour supposer que nous n'aurons pas réussi d'ici-là à trouver un moyen complètement différent pour nous exterminer nous-mêmes. Nous n'aurons pas besoin d'attendre le réchauffement du Soleil.

Même si nous survivons, lorsque le temps de la fusion de l'hélium viendra nous aurons évolué vers quelque chose de méconnaissable pour l'homme (bien que, avec toujours un faible espoir, meilleur que l'homme).

Si l'homme ou l'espèce qui nous succédera existe encore quand le Soleil atteindra le point d'ignition de l'hélium, il est inconcevable que notre niveau technologique n'ait pas atteint le point où nous pourrons aisément quitter la Terre et nous retirer aux confins du système solaire, là où la nouvelle chaleur du Soleil sera plus amène. En fait nous pouvons être certains que, longtemps avant que la chaleur du Soleil soit devenu un problème, l'humanité ou sa descendance aura transplanté la scène de ses activités sur des planètes entourant d'autres, plus jeunes, étoiles ou sur des mondes artificiels indépendants.

Cela dit, il vous est peut-être venu à l'esprit que si une étoile comme Béta Centauri fait son chemin sur la séquence principale en simplement cinq heures du Soleil et demi puis disparaît, pour ainsi dire, avant le lever du premier Jour de l'Année, comment se fait-il que Béta Centauri brille sereinement dans le ciel de l'hémisphère sud juste en ce moment?

Ah, mais le tableau 11 est basé sur la supposition que l'ensemble des étoiles de masses différentes du groupe sont allumées en même temps. Ce n'est pas le cas dans la galaxie qui nous entoure. Béta Centauri a une durée de vie totale sur la séquence principale de pas plus de 10 millions d'années, cependant elle brille actuellement dans le ciel parce qu'elle a été formée il y a *moins* de 10 millions d'années.

Toutes les étoiles plus massives que le Soleil sont relativement de nouvelles venues sur la scène de l'univers – autrement toutes seraient actuellement passées par le stade de géante rouge et seraient aujourd'hui au stade de l'effondrement. Beaucoup de galaxies spirales (y compris la Voie lactée) sont encore encombrées de nuages de gaz et de poussière qui, sous les conditions appropriées, peuvent se transformer en foule d'étoiles. Il existe de petites taches d'obscurité intense appelées « globules de Bok », du nom de l'astronome Bart J. Bok qui le premier a attiré l'attention sur elles; il est possible que ce soient des étoiles en cours de formation que nous sommes en train d'observer actuellement.

Tout comme il y a des étoiles plus massives que le Soleil, et donc plus grandes, plus lumineuses, plus chaudes, et de vie plus courte, il y a aussi des étoiles moins massives, et donc plus petites, moins lumineuses, plus froides, et de vie plus longue.

Les petites étoiles ne font pas grande sensation dans le ciel : nous sommes bien plus conscients de leurs semblables plus grandes et plus brillantes. Cependant, dans le cas des étoiles comme dans le cas de presque n'importe quelle réunion d'objets semblables, que ce soient des galaxies, des cailloux ou des insectes, les plus petits sont plus nombreux que les plus grands. Pour chaque étoile également ou plus massive que le Soleil, il y a six ou sept étoiles moins massives.

Les plus petites des étoiles sont assez froides pour être seulement rougeoyantes. A la différence des géantes rouges, les petites étoiles n'ont pas une grande taille pour compenser leur faible luminosité par unité de surface. Elles sont donc très faiblement lumineuses, – si peu que même très proches de nous elles ne peuvent être vues qu'au télescope.

Ces petites étoiles sont appelées naines rouges, et elles sont si pingres avec leur énergie qu'elles ont une durée de vie étonnamment longue. Une très petite naine rouge, juste assez grande pour entretenir une faible fusion nucléaire, fait durer ses réserves relativement pauvres de combustible pendant 200 milliards d'années sur la séquence principale. L'univers n'est tout simplement pas assez vieux pour avoir consumé l'une d'entre elles.

Établissons donc une « Année de la Naine Rouge » par laquelle 200 000 000 000 d'années sont comprimées en une seule (ce qui nous donne quelque chose de plus long que la durée de vie présente de l'univers – bien plus long), et voyons à quoi ressemblent les étoiles dans cette perspective. Chaque Jour de la Naine Rouge représente, dans ce système, 548 000 000 d'années.

12. L'Année de la Naine Rouge

Ignition de l'étoile	1er janvier, 0 h 00
Une étoile comme Sirius devient une géante rouge	1er janvier, 22 h
Une étoile comme Altair devient une géante rouge	2 janvier, 20 h
Une étoile comme Canopus devient une géante rouge	3 janvier, 15 h
Une étoile comme Procyon devient une géante rouge	7 janvier, 7 h
Une étoile comme le Soleil devient une géante rouge	21 janvier,
Une étoile comme Alpha Centauri B devient une géante rouge	24 février
Une étoile comme Alpha Centauri C devient une géante rouge	31 décembre

Si nous pouvions imaginer une naine rouge douée de conscience en train de regarder l'univers, elle pourrait remarquer, assez sardonique, tous les pétards qui éclatent en rapides éclairs tandis qu'elle et ses compagnes naines rouges brûlent d'une régularité tranquille et sans éclat.

Assurément de nouveaux pétards surviendraient, mais les naines rouges continueraient encore et toujours à brûler après eux. De fait, quand le gaz et la poussière des nombreuses galaxies qui possèdent de tels nuages (beaucoup de galaxies en sont dépourvues) seront épuisés, quand les étoiles brillantes auront toutes dépassé le stade de géante rouge et se seront effondrées dans l'obscurité, alors l'univers scintillera faiblement dans la lumière des seules étoiles normales restantes, les naines rouges.

Mais pour finir, si l'univers est ouvert et poursuit à jamais son expansion, les dernières naines rouges s'éteindront, elles aussi, et il ne restera plus aucune étoile sur la séquence principale.

Cet ouvrage a été réalisé sur
Système Cameron
par la SOCIÉTÉ NOUVELLE FIRMIN-DIDOT
Mesnil-sur-l'Estrée
pour le compte des Éditions Londreys
le 9 septembre 1985

Imprimé en France
Dépôt légal : septembre 1985
N° d'impression : 2970